FRP 工字型材–钢筋混凝土组合梁受弯性能研究与设计理论

袁健松　著

黄河水利出版社

·郑州·

内 容 提 要

本书根据 FRP 工字型材组合梁受弯试验结果,结合混凝土与 FRP 型材界面黏结滑移特性分析,从材料性能、界面特性、构件设计等不同层面较为系统地阐述了 FRP 工字型材与混凝土形成组合梁构件所涉及的关键科学问题,希望对从事复合材料行业研究的学者与工程应用人员有所帮助。

图书在版编目(CIP)数据

FRP 工字型材-钢筋混凝土组合梁受弯性能研究与设计理论/袁健松著. —郑州:黄河水利出版社,2021.5
ISBN 978-7-5509-2988-3

Ⅰ.①F… Ⅱ.①袁… Ⅲ.①钢筋混凝土结构-组合梁-受弯构件-结构性能-研究 Ⅳ.①TU323.3

中国版本图书馆 CIP 数据核字(2021)第 089438 号

组稿编辑:李洪良 电话:0371-66026352 E-mail:hongliang0013@ 163.com

出 版 社:黄河水利出版社 网址:www.yrcp.com
  地址:河南省郑州市顺河路黄委会综合楼 14 层 邮政编码:450003
发行单位:黄河水利出版社
  发行部电话:0371-66026940、66020550、66028024、66022620(传真)
  E-mail:hhslcbs@ 126.com
承印单位:广东虎彩云印刷有限公司
开本:787 mm×1 092 mm 1/16
印张:7.25
字数:127 千字 印数:1—1 000
版次:2021 年 5 月第 1 版 印次:2021 年 5 月第 1 次印刷
定价:48.00 元

前　言

　　通过开展 FRP 型材与混凝土之间的直接剪切试验、FRP 型材与混凝土之间的黏结滑移试验以及 FRP 工字型材钢筋混凝土组合梁的四点受弯试验,重点研究 FRP 型材与混凝土之间的界面摩擦系数、FRP 型材与混凝土之间的黏结应力滑移本构关系和 FRP 型材钢筋混凝土组合梁的受弯破坏机制,并提出相应的计算模型。主要内容如下:

　　(1)对 FRP 型材与混凝土界面之间的摩擦系数展开了研究,选取了直接剪切试验的方法对 FRP 型材与混凝土之间的摩擦系数进行测定;对直剪试验所用的试块进行了设计,借助了岩石直接剪切仪开展试验,考虑了不同混凝土类型以及黏结界面特性对摩擦系数的影响,研究了 FRP 型材与混凝土之间黏结界面的特性,提出了法向应力与剪应力之间的计算模型,确定了 FRP 型材与混凝土之间摩擦系数的合理区间。

　　(2)开展了 FRP 型材与混凝土材料之间的黏结滑移试验研究。FRP 型材与混凝土之间的黏结滑移性能对于确保 FRP 型材混凝土组合结构性能非常重要。本次研究使用了推出试验的方法对 FRP 型材与混凝土之间界面黏结滑移性能展开分析,研究了黏结界面黏结应力的分布规律,分析了 FRP 型材不同的表面处理方式以及黏结长度对极限黏结应力的影响,并对界面的黏结滑移本构关系进行了初步探究,首次提出了 FRP 型材与混凝土之间黏结滑移本构关系。

　　(3)围绕 FRP 型材-钢筋混凝土组合梁的受弯性能展开了研究。FRP 型材与钢筋混凝土形成的梁构件,一方面 FRP 可以为梁构件提供较高的强度和刚度,提高钢筋混凝土构件的耐腐蚀性;另一方面钢筋与 FRP 协同工作可以提高构件 FRP 型材组合构件的延性。本次研究使用了 FRP 工字型材与钢筋形成了组合梁结构,通过四点受弯试验研究了组合梁的受弯性能,分析了组合梁的受弯破坏模式与破坏机制,研究了组合梁各个组成部分在受弯过程中的作用,提出了相应的设计理论。

　　由于作者水平有限,书中难免有错误与不足之处,恳请专家及广大读者批评指正。

作　者

2021 年 5 月

目 录

第 1 章 绪 论

1.1 研究背景及意义

纤维增强复合材料(Fiber Reinforced Polymer,或 Fiber Reinforced Plastic,简称 FRP)是由增强纤维材料,如玻璃纤维、碳纤维、芳纶纤维等,与基体材料经过缠绕、模压或拉挤等成型工艺而形成的复合材料。根据增强材料的不同,常见的纤维增强复合材料分为玻璃纤维增强复合材料(GFRP)、碳纤维增强复合材料(CFRP)及芳纶纤维增强复合材料(AFRP)。由于 FRP 复合材料轻质、高强、耐腐蚀的材料特点,近年来,其作为建筑材料,引起了土木工程领域学者的青睐。FRP 材料在土木工程中的应用通常可以分为两大类,一类是将 FRP 材料用于既有结构的加固,比如可以使用 CFRP 片材加固腐蚀的钢筋混凝土梁或者柱构件;另一类是将 FRP 复合材料(如 FRP 筋、FRP 拉挤型材)作为一种标准的建筑材料,用于新建结构中承受荷载,在结构中实现相应的构件功能。其中,FRP 拉挤型材是采用拉挤工艺所生产的一种 FRP 复合材料型材,由于其安装方便、可定制性好(包括截面形状、尺寸、颜色、强度)等优点,大大拓展了 FRP 复合材料在新建结构中的应用范围,近年来在工程领域中得到了广泛的关注。

FRP 型材由于其良好的可装配性,可以将其用于全 FRP 结构,如地板、冷却塔和海上石油平台构件。此外,它还可以与其他材料进行结合组成组合构件,其中以 GFRP 工字型材与 GFRP 管材使用较多。以 GFRP 工字型材为例,两种典型的组合梁截面如图 1-1 所示。A 截面类型的组合梁[见图 1-1(a)]由顶部的普通混凝土块(或者 UHPC 试块)和底部的工字型材组成。在这种情况下,上部混凝土主要用于受压,工字型材用于提供拉应力,理论上是一种比较合理的组合梁构件设计。但是 FRP 工字型材的腹板比较薄弱,容易在受弯过程中发生屈曲破坏;另一种典型设计为 B 截面的组合梁[见图 1-1(b)],通过将工字型材包裹在梁截面中间来提高梁构件受弯性能。该设计由于将 FRP 工字型材包裹在混凝土中间,利用混凝土的约束限制了工字型材可能发生的屈曲破坏,提高了组合梁的稳定性与综合性能。然而,由于 FRP 材料和混凝土材料本身脆性材料特性,延性较差,容易导致组合梁的脆性破坏,不利于构件的抗震设计以及材料的充分利用。因此,如何优化 FRP 型材组合结构设计,克服其延性较差的问题,是 FRP 型材组合结构设计中重要的科学问题。

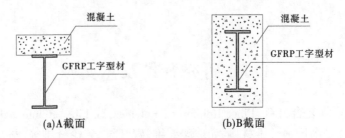

(a)A截面　　　　　　　　(b)B截面

图 1-1　典型组合梁横截面

　　FRP 型材与混凝土所形成的组合结构除构件设计所存在的问题外,两者之间的黏结性能也是复合材料结构研究的一个主要方向。已有研究表明,普通钢筋混凝土结构的性能一部分取决于混凝土和钢筋的材料性能,而另一部分取决于两者之间的黏结性能。不同材料之间的充分黏结对于确保两者之间的剪力传递以及整体构件力学性能十分重要。对于 FRP 型材而言,其模压以及拉挤的生产工艺决定了 FRP 型材的表面通常较为光滑,而光滑表面不利于与混凝土的黏结,较弱的黏结性能进而导致整体结构的性能较弱。此外,与钢筋相比,FRP 型材由于表面积较大,与混凝土之间的黏结面也更大,因而 FRP 型材与混凝土之间的黏结性能对结构性能的影响较普通的钢筋混凝土更为明显。为确保 FRP 型材与混凝土之间良好的复合性能,有必要深入了解混凝土与 FRP 型材之间的黏结机制与层间破坏机制,提出相应的黏结滑移本构关系,丰富 FRP 型材组合构件的设计理论。但目前关于该方面的研究无论是在试验研究方面还是在理论模型方面都比较有限,尚未形成系统的黏结理论与本构模型。

　　现有的 FRP 复合材料黏结滑移本构模型研究可分为两大类,分别是 FRP 片材与混凝土之间的黏结滑移,以及 FRP 筋材与混凝土之间的黏结滑移。两个系列的黏结滑移模型和 FRP 型材与混凝土之间的黏结滑移均有一定的区别。例如,FRP 片材与混凝土的黏结滑移模型重点考虑了 FRP 片材与混凝土之间所存在的化学黏结力,而 FRP 型材与混凝土之间的黏结多为自然化学黏结,没有真正意义上的胶结材料,因此两者之间的界面属性差异较大;对于 FRP 筋与混凝土之间的黏结滑移的研究,虽两种材料界面处为自然黏结,但 FRP 型材与 FRP 筋材尺寸差别较大,尺寸效应不容忽视。且 FRP 筋表面多为带肋表面或者喷砂处理表面,而 FRP 型材表面多为自然光滑表面,材料表面物理特性差异也较大。因此,目前存在的 FRP 复合材料的黏结滑移模型并不适用于 FRP 型材与混凝土的黏结滑移,有必要对 FRP 型材与混凝土之间的黏结滑移与破坏机制开展深入研究。

　　研究 FRP 型材与混凝土之间的黏结时,界面摩擦系数也是黏结面的重要物理参数。传统的拔出试验或推出试验可以用来研究材料与混凝土之间的黏结应力—滑移关系以及黏结应力分布等问题。然而,摩擦系数并不能通过拔出试验或推出试验来确定。摩擦系数是反应界面物理属性的一个重要参数,在利用有限元分析开展界面之间接触模拟时,所使用的库仑摩擦理论中需要摩擦系数来定义两个界面之间的摩擦。由于缺乏对摩擦系数的研究,混凝土与 FRP 型材之间的界面通常定义为刚性连接,即两者之间不存在摩擦或者相对滑移。然而,已有研究表明,FRP 型材与混凝土之间存在明显滑移,且会明显影响到构件的力学性能。因此,刚性连接的简化显然不准确。准确地确定FRP 型材与混凝土材料之间的摩擦系数,对充分研究两者之间的界面特性十分必要。

　　基于以上问题,本书重点开展了三个方面的研究,主要内容如下:

　　(1)通过开展 FRP 型材与混凝土之间的直接剪切试验,分析不同类型混凝土以及法向应力对混凝土界面摩擦力的影响,确定法向应力与界面摩擦力之间的关系,并测定混凝土与 FRP 型材之间的摩擦系数,为 FRP 型材混凝土结构开展有限元分析提供重要的界面参数。

　　(2)通过开展推出试验研究 FRP 型材与混凝土之间的黏结性能,结合界面的黏结应力分布情况与极限黏结应力,分析黏结长度、箍筋与界面喷砂对两者界面黏结性能的影响;结合经典的黏结滑移本构模型,提出针对 FRP 型材与混凝土之间的黏结应力滑移本构模型。

　　(3)通过四点受弯试验,开展 FRP 工字型材钢筋混凝土组合梁的受弯试验研究,研究其受弯破坏机制以及破坏模式,结合试验结果与应变分析,探究FRP 工字型材对梁试件受弯性能的影响;结合梁试件的位移延性与能量延性计算理论,评价使用钢筋对 FRP 型材组合梁延性的改善作用;提出 FRP 型材组合梁设计的关键理论,为解决 FRP 型材组合梁延性较差的问题,提供丰富的设计依据与设计理论。

1.2　FRP 型材研究现状

本节重点对 FRP 型材的国内外研究现状进行了总结分析。首先,对 FRP 型材的生产制造工艺、种类与材料性能进行了分析;其次,对 FRP 型材在土木工程中的应用,包括纯 FRP 型材结构的应用、FRP 型材组合结构的应用、FRP 型材在组合柱中的应用、FRP 型材在组合梁中的应用情况进行了总结分析;结合 FRP 型材在工程中应用存在的具体问题,本节还对改善 FRP 型材混凝土组合结构延性的方法,以及提高 FRP 型材与混凝土之间黏结性能的措施进行了探讨,并提出了本次研究的主要内容。

1.2.1　FRP 型材生产工艺

FRP 型材是由拉挤工艺生产出来的 FRP 复合材料制品,如图 1-2 所示。拉挤工艺是一种连续生产复合材料型材的方法,它是将纱架上的无捻玻璃纤维粗纱和其他连续增强材料、聚酯表面毡等进行树脂浸渍,然后通过保持一定截面形状的成型模具,并使其在模内固化成型后连续出模,由此形成拉挤制品的一种自动化生产工艺,俗称玻璃钢。拉挤成型工艺形式很多,分类方法也很多,如间歇式和连续式、立式和卧式、湿法和干法、履带式牵引和夹持式牵引、模内固化和模内凝胶模外固化,加热方式有电加热、红外加热、高频加热、微波加热或组合式加热等。

拉挤成型 FRP 的主要原料为树脂基体,纤维增强材料,包括其他辅助材料(引发剂、环氧树脂固化剂、着色剂、填料、脱模剂等)。关于树脂基体,拉挤成型 FRP 主要采用不饱和聚酯树脂和乙烯基酯树脂,其他树脂也用酚醛树脂、环氧树脂、甲基丙烯酸等树脂。耐火性差是 FRP 复合材料一个较大的缺陷,由于酚醛树脂具有防火性等优点,现在国外已开发出适合拉挤成型玻璃钢用的酚醛树脂,称第二代酚醛树脂,已推广使用。除热固性树脂外,根据需要也选用热塑性树脂。

FRP 型材的应用范围包括电气市场、化工防腐市场、建筑市场以及道路交通市场。其中,由于 FRP 型材良好的绝缘性,该型材最早用于电气市场,作为电缆桥架、梯架、变压器隔离棒、路灯柱、光纤电缆芯材等。其次,由于其良好的耐腐蚀性,FRP 型材目前被广泛用在防腐市场,常用构件包括:玻璃钢抽油杆、冷却塔支架、海上采油设备平台、行走格栅、楼梯扶手及支架、各种化学腐蚀环境下的结构支架、水处理厂盖板等。建筑行业是 FRP 型材的新兴市场,目前在建筑市场拉挤 FRP 已渗入传统材料的市场,如:门窗、混凝土模板、脚手架、楼梯扶手、房屋隔间墙板、筋材、装饰材料等。

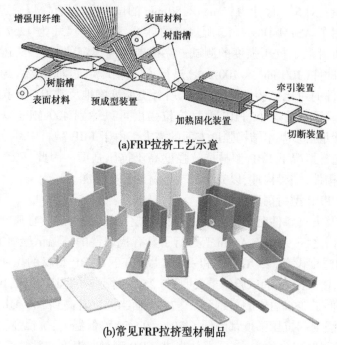

(a)FRP拉挤工艺示意

(b)常见FRP拉挤型材制品

图 1-2 FRP 拉挤工艺与常见 FRP 拉挤型材制品

1.2.2 FRP 型材材料特性

1.2.2.1 FRP 型材力学性能

如前所述,FRP 型材在土木工程中得到了越来越多的应用。众多学者对 FRP 型材的基本材料性能进行了试验研究,包括基本力学性能、高温性能、耐久性以及疲劳性能等。FRP 型材的基本力学性能研究目前主要依据的规范包括用于测试抗拉性能的《Standard Test Method for Tensile Properties of Polymer Matrix Composite Materials》(ASTM D3039) 与《Plastics——Determination of tensile properties》(ISO 527-1:2012),测试抗压性能的《Standard Test Method for Compressive Properties of Rigid Plastics》(ASTM D695—2015) ,测试层间剪切强度的《Standard Test Method for Short-Beam Strength of Polymer Matrix Composite Materials and Their Laminates》(ASTM D2344/2016)等。例如,Guades 等利用 GFRP 方管对 FRP 型材的抗拉强度和抗压强度进行了试验研究。在

该研究中,因为 FRP 型材大多数纤维都是沿着纵向进行分布,所以推荐材料试样的试样从型材的纵向上截取。采用了 ISO 527-1:2012 所规定的标准进行拉伸试验,对 5 个尺寸为 25 mm×250 mm 的试样进行测试,以确定平均拉伸强度;采用了 ASTM D695-15 所规定的标准,对 5 个尺寸为 12.7 mm×38.1 mm 的试件开展了抗压强度的测试。除标准规范规定的试验外,还对尺寸较大的标准试件(100 mm × 100 mm)进行了压缩试验,进行比较。通过对标准试样与试件的对比试验,证实试样比后者更能准确地反映 GFRP 拉挤型材的材料性能。通常情况下,FRP 型材抗拉强度可以达到 400 MPa 以上甚至更高,可以满足很多基本结构强度方面的需求。由于 FRP 型材中纤维突出的抗拉性能,通常情况下 FRP 型材抗拉强度高于抗压强度。因此,FRP 型材通常用于受拉构件,如梁构件,以充分发挥型材的受拉性能。

1.2.2.2　FRP 型材高温性能

高温及火灾条件对 FRP 型材的性能影响比较大,也是目前 FRP 型材应用的主要障碍之一。比如,Aydin 等进行了具有代表性的高温试验研究,获得了 13 种不同温度设置(25 ℃ 以下和-25 ℃ 以上)下 GFRP 型材的拉伸和压缩强度变化规律。Aydin 的试验结果表明,与 25 ℃ 时型材的强度相比,100 ℃ 时抗拉强度降低了 28%,抗压强度降低了 75%;而当温度升高到 200 ℃ 时,FRP 型材的抗拉强度和抗压强度都降低了 50%;在-50 ℃ 低温下,抗拉强度损失约为 14%,抗压强度损失约为 5%。总体来讲,FRP 型材对温度非常敏感,在低温条件下较高温条件下相对稳定。因此,在高温环境下使用 FRP 型材时,应注意其防火性能。此外,高温条件下 FRP 型材中的树脂容易分解并释放出有毒的气体,在室内生活或者工作环境中应用容易引发事故,所以 FRP 型材被建议使用在桥梁等开放环境中,降低其在高温环境下引发的危害。

1.2.2.3　FRP 型材耐久性

FRP 型材与普通的建筑材料相比有良好的耐久性,但是缺乏系统耐久性评估与计算理论来服务于 FRP 型材结构的设计与应用。一些研究对 FRP 型材的耐久性进行了初步的研究。例如,Bazli 等进行了一项具有代表性的试验研究,重点研究侵蚀环境下 GFRP 型材的弯曲性能和受压性能变化。采用了加速人工老化试验的方法,研究了不同温度、干湿循环以及 pH 的溶液对 FRP 型材力学性能的影响。试样被分别浸入人工海水、碱性溶液以及酸性溶液中约 5 个月,然后进行材料测试。试验结果表明,浸泡在碱性溶液中的试件弯曲强度和抗压强度退化最大,降低了约 41%;对于浸泡在酸性溶液中的试件,弯曲强度和抗压强度降低了 31%。

目前基本结论认为,FRP 型材在潮湿或者溶液侵蚀环境下造成的老化主要是由于树脂基体的吸水性所造成的,其劣化机制与 FRP 筋在溶液环境下的老化相似。FRP 型材的主要组成部分中,纤维不会吸水,因此在溶液环境中也不会发生明显的劣化;但树脂基体会发生渗透以及毛细现象,水分子入侵以后,在温度以及应力的共同作用下容易导致吸水膨胀,降低基体强度以及基体与纤维之间的界面强度。因此,在潮湿环境下(海洋工程以及水利工程)使用 FRP 复合材料时,对树脂基体进行改性,降低树脂中羟基亲水官能团含量的同时提高树脂固化后的交联密度,抑制树脂基体吸水性,可以明显改善 FRP 型材以及 FRP 拉挤材料的耐久性。

1.2.2.4　复合 FRP 型材

与传统建筑材料(如钢材)相比,FRP 型材的主要优点是自重轻、强度高、耐腐蚀性好。然而,FRP 型材的一些缺陷也不可忽视,这些缺陷阻碍了 FRP 型材的广泛应用。比如,FRP 型材的弹性模量较小,导致 FRP 型材形成结构或者组合结构时,刚度较差,发生的变形较大,与混凝土形成组合结构时容易裂缝,影响构件耐久性;FRP 型材的应力应变关系呈线性,在型材达到极限强度时容易发生脆性破坏,构件或者结构的延性较差;FRP 型材厚度通常较小,纯 FRP 型材应用时容易发生屈曲破坏,FRP 型材达不到设计强度。为了解决这些问题,学者提出了一种将 CFRP 和 GFRP 纤维结合起来提高其力学性能的方法。主要设计原理在于使用碳纤维较高的弹性模量来提高 GFRP 型材的弹性模量。

混杂 FRP 型材的设计与制作主要包括两种方法:①利用环氧树脂或者其他胶结材料,直接将 CFRP 布粘贴在 FRP 型材的底部,充分发挥 CFRP 较高的抗拉强度与弹性模量[见图 1-3(a)]。该方法操作简单,通常可以在实验室手工进行制作,技术成本较低,是一种较为普遍的改性方法,但手工制作产品质量不稳定,材料性能离散性较大。②在 FRP 拉挤型材生产的过程中,直接将 CFRP 布或者纤维混入生产原料当中,使 CFRP 纤维与其他树脂或纤维结合成一体[见图 1-3(b)]。该方法工艺要求高,通常需要在工厂的设备与生产线上实现,但产品质量可控,力学性能更加稳定。图 1-3 中展示了两种常见的混杂 FRP 工字型材。

1.2.3　FRP 型材工程应用

FRP 型材的应用较为灵活,可以采用纯 FRP 型材结构或 FRP 组合结构的形式应用于土木工程中。纯 FRP 结构是指结构完全由 FRP 型材组成,采用

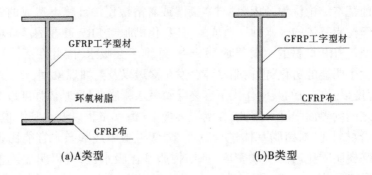

(a)A类型　　　　　　　　　　(b)B类型

图 1-3　典型 FRP 复合型材

铆接、黏结或者两种形式组合所形成的结构,没有与混凝土等其他材料进行组合使用。纯 FRP 结构组成形式灵活多样,但受 FRP 型材材料性能影响较大,纯 FRP 型材结构应用限制较多;组合结构是指 FRP 型材与钢筋、型钢、混凝土等传统建筑材料相结合,利用各种材料的优点相互补充所形成的结构,可以形成组合柱或者组合梁等结构。组合结构中各种材料性能相互补充,弥补了 FRP 型材的缺点,扩大了其应用环境。

1.2.3.1　纯 FRP 型材结构

1. 民用建筑

由于防火性能限制以及材料本身的特性,FRP 型材目前在民用建筑中的应用总体较少,典型的主要建筑有丹麦的 Evecatcher 大楼,是国外关于 FRP 型材的示例工程,其主要承重受力构件是 FRP 型材;1999 年,在瑞士的 Based 建成了一栋以 FRP 型材为承重框架的 15 m 高的建筑,总共 5 层,用于公寓和办公使用;美国纽约的一座计算机研究机构,在结构墙体、地板以及屋顶全部采用 FRP 型材;弗吉尼亚交通部,利用 Creative Pultrusions 公司生产的 FRP 型材建成了一栋多单元的示范建筑物。FRP 型材还用在门窗处,将 FRP 型材通过切割、拉铆等工艺制成门窗框,再安装其他五金、玻璃以及毛条等,就完成了门窗的制作。复合型材门窗综合其他门窗的优点于一身,有着轻质高强、耐老化、防腐保温以及尺寸稳定的特点,在建筑的安装工程中得到广泛的应用,而且其也可以内着色形成装饰的作用。总体来讲,FRP 型材的建筑中大部分都是小型低层结构。

2. 桥梁结构

国外将 FRP 型材运用在桥梁工程中的主要工程有:1992 年,英国苏格兰的 Aberfeldy 悬索桥,长度是 114 m;1997 年,丹麦的 Fiberline 悬索步行桥,该结构主要由束状的 FRP 工型梁支撑,跨度为 40 m。日本也有很多工程采用 FRP 型材,比如:1990 年的 Tabras Golf Club 桥,1991 年的 Sumi tomo 桥以及 1990 年的 Bridie 桥,这三座桥的跨度分别是 11.8 m、25.0 m、54.4 m。1997 年 瑞士的 Pontresina 桥,是在风景区内建设的一条双跨连续 FRP 人行桥,跨河 12.5 m,结构的主体是玻璃钢型材,该桥梁主要通过黏结的方式连接。

国内将 FRP 型材运用在桥梁工程中的应用较少。在国内的工程中最为 著名的是重庆市的茅以升公益桥。该桥梁长 20 m,是国内唯一的拉挤成型的 FRP 桁架桥,其施工时间才仅仅几个小时。1983 年,北京密云区建成了一座 以玻璃钢为主要材料的公路桥,其不仅仅是梁采用 FRP 拉挤型材,连人行道 和栏杆亦是用玻璃钢制品,桥梁跨度为 21 m。其余的工程还有:2009 年,江苏 淮安建成了国内最大的桁架桥;河北石家庄于 2010 年建成的组合梁人行桥 (跨度为 24 m)等工程。

FRP 桥梁在设计过程中主要的技术问题包括两个方面:①FRP 型材的弹 性模量较小,导致大跨度 FRP 型材桥梁的挠度与变形较大,所以常见的 FRP 桥梁跨度均为 20~30 m 的小型桥梁或者人行桥,难以形成较大规模与大跨度 的桥梁结构;②FRP 型材连接节点问题也是影响 FRP 型材结构的主要问题。 FRP 构件连接时主要采用胶结、螺栓连接以及胶栓混接等形式。胶结不需要 对 FRP 构件局部进行开孔,减小了对 FRP 构件的损伤,但是胶结的强度与连 接质量难以控制,受到施工质量与外部环境影响较大;螺栓连接施工方便,但 是需要在构件上开孔,影响构件自身强度;胶栓混接是将两种连接方式进行组 合的一种连接方式,由于螺杆与螺孔之间有空隙,螺栓与胶层之间不能同时承 受荷载,一般由胶层先承担荷载,之后胶层破坏,由螺栓承担荷载。连接节点 的计算方面仍然需要进一步研究和简化的计算理论,服务于 FRP 型材在桥梁 结构中的应用。

1.2.3.2 FRP 型材组合结构

1.FRP 型材约束混凝土柱

FRP 型材除用作纯 FRP 结构外,FRP 型材也可以与钢筋以及混凝土形成 组合结构。该设计的目的在于结合传统建筑材料与 FRP 复合材料的优点,最 大程度实现材料的充分利用与结构的优化设计。组合结构设计可根据不同材 料的特性,形成具有不同受力特征的组合结构,如混凝土材料良好的抗压性 能、耐久性、耐高温性能,钢筋突出的延性、抗拉性能、高弹性模量等优点,FRP 型材优良的耐腐蚀性、抗拉性能、质量轻等特点。书中通过对国内外研究的分 析与整理,从 FRP 型材组合柱与 FRP 型材组合梁两个方面,对 FRP 型材在组合结构中的应用展开了研究。

在组合柱方面,众多学者对 FRP 约束混凝土柱进行了大量的研究。FRP 约束混凝土柱构件设计主要可以分为两类:一类为 FRP 片材约束混凝土柱;另一类为 FRP 型材约束混凝土柱。其中,FRP 片材约束混凝土柱设计合理、力学性能突出,得到了学术界以及工程界的广泛认可。因为 FRP 布用于约束混凝土柱时,FRP 纤维主要呈现环向分布,FRP 纤维的环向约束可以很好地对内部混凝土柱形成增强与加固作用,提高混凝土抗压性能,改善组构件延性。而 FRP 型材管用于约束混凝土柱构件时,由于 FRP 型材管中纤维多为纵向分布,难以形成充分的环向约束。因此,FRP 型材用于约束混凝土柱时效果并不十分理想,通常不建议使用。

Hadi 等对 FRP 型材管钢筋混凝土柱的轴压性能进行了试验研究(见图 1-4),所研究的型材包括 FRP 型材管、FRP 型材工字与 FRP 的 C 形型材。对于 FRP 型材圆管混凝土组合构件,通过将 FRP 型材管放入混凝土柱中来浇筑柱构件,并在纵向和横向使用了钢筋。该类柱构件的设计目的在于使用 FRP 型材管提高柱构件的强度以及刚度,保留的钢筋有助于提高柱构件的延性。此外,FRP 型材用在混凝土柱中间,避免了 FRP 型材管在火灾作用下的破坏,尽可能地改善了 FRP 型材组合构件的耐火性;此外,为了克服 FRP 型材与混凝土之间较弱的黏结作用,对 FRP 型材管进行了打孔处理,使型材管内部与外部混凝土通过孔洞连接成为整体。轴心受压试验表明,FRP 型材管的存在对提高混凝土柱的强度和刚度是有效的,FRP 型材管上的孔洞也对限制 FRP 型材与混凝土之间的滑移起到积极的作用。但是,构件发生了脆性破坏,当 FRP 型材达到极限强度时,构件发生了破坏。因此,延性缺失是 FRP 型材混凝土组合柱需要解决的主要问题之一。

此外,Hadi 等对 FRP 工字型材与 C 型材在混凝土组合柱中的应用也展开了研究。试件为方形混凝土柱,构件设计时,将一个工字钢或两个 C 形截面包裹在混凝土中,如图 1-5 所示,同时,还采用了箍筋对混凝土柱以及型材进行约束。这种 FRP 型材混凝土组合构件的优点很明显。由于周围的混凝土和箍筋的约束,可以防止工字钢或 C 形截面在受压过程中发生屈曲,尽可能地提高其对核心混凝土的约束作用;同时,箍筋的使用也可尽可能提高组合构件的延性。开展了轴压试验和不同偏心率的偏心受压试验。试验结果表明,组合柱与普通钢筋混凝土柱相比,强度与刚度提升明显,工字型材组合柱构件的效果好于 C 型材截面组合柱,但组合构件总体上仍然呈现出了延性较低的问题。

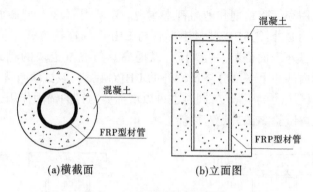

(a)横截面　　　　　　　　　(b)立面图

图1-4　FRP型材管组合柱

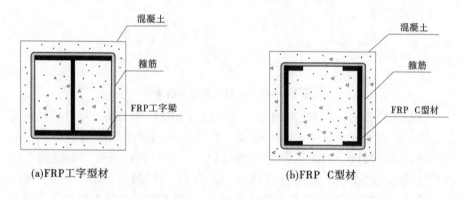

(a)FRP工字型材　　　　　　　　　　(b)FRP C型材

图1-5　FRP型材组合柱

2. FRP型材约束混凝土梁

FRP型材除用在组合柱中外,还可以应用在组合梁中。由于FRP型材特殊的材料工艺与属性,型材当中的纤维多为纵向分布,主要用于承受纵向受拉荷载,其受力状态与梁构件中的纵向受拉钢筋相似,因此将FRP型材用在组合梁构件当中,是一种公认的、较为合理的组合构件设计形式,常见的组合梁设计中所使用的型材包括FRP矩形管和FRP工字梁。

El Hacha等提出了一种新型的FRP型材矩形管、CFRP片材和超高性能混凝土(UHPC,Ultra-High Performance Concrete)所形成的组合梁。这种组合梁设计时,结合了各种材料的优点,以达到提高强度、降低自重的效果,实现了结构的优化设计。图1-6显示了这种类型组合梁的典型横截面设计,包括两类截面设计。A型截面梁试件由FRP型材矩形管、上翼缘浇筑的UHPC混凝土块和黏结在下翼缘上的CFRP片材组成。FRP型材矩形管和UHPC之间的连接通过使用环氧胶粘剂和剪力钉来实现。B 型截面与 A 型截面设计相似,但有两点不同之处:①FRP 型材矩形管与 UHPC 的连接方式不同,FRP 型材矩形管上翼缘外表面黏有一层粗砂,以提高其与混凝土块的黏结力;②FRP 型材矩形管内部的上半部分浇筑额外的 UHPC 砌块,该试块首先可以提高组合梁在受压区域的抗压强度,同时也可以增加剪力钉的锚固作用,所有试件均采用四点受弯试验测试其受弯性能。

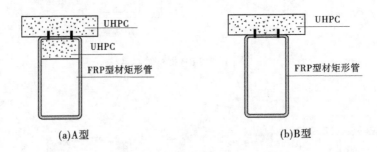

(a)A型　　　　　　　　　　　　　(b)B型

图 1-6　FRP 型材矩形管组合梁

试验结果表明,在 FRP 型材矩形管中加入 UHPC 和 CFRP 片材可以提高组合梁的抗弯性能。其中 UHPC 试块较高的抗压强度可以提高组合梁在受弯区域的抗压强度,CFRP 片材较高的抗拉强度和弹性模量可以提高组合梁受拉区域的抗拉强度与抗弯刚度,最终,组合梁试件的强度和刚度得到了提高。同时,与仅涂环氧树脂胶粘剂的界面相比,涂有粗砂的组合梁显示了更高的强度,表明了混凝土与 FRP 型材矩形界面黏结特性得到了进一步的改善。然而,混凝土和 FRP 型材矩形矩形管的线弹性的材料特性限制了组合梁的性能,暴露了组合梁延性的不足。此外,FRP 型材矩形管在中跨处发生屈曲,翼缘腹板节点处的薄弱环节不利于梁的受弯性能的充分发挥。Chen 等和 Chakrabortty 等也进行了类似的研究。

Belzer 等提出了另一种典型的 FRP 型材矩形管组合梁,与上述设计不同之处在于,Belzer 等的设计中,FRP 型材组合梁为实心梁,中间浇筑了实心的混凝土。这种组合梁的独特优点包括:①FRP 型材矩形管首先可以作为模板,便于试件的浇筑,提高施工效率;②FRP 型材矩形管可以作为永久模具,留在构件中,提供抗弯强度和抗弯刚度,改善构件的受力性能;③FRP 型材矩形管用在构件外侧时,可以隔断外部环境与内部混凝土之间的接触,显著提高构件的防腐蚀性与耐久性。通过对混凝土与 FRP 型材矩形管之间不同黏结形式试件正截面受弯试验,研究 FRP 型材矩形管与混凝土黏结性能对于构件抗弯性能的影响。Belzer 浇筑了三种类型的试件，包括混凝土填充的 FRP 型材管、部分内表面涂有环氧树脂的 FRP 型材管和所有内表面涂有环氧树脂的 FRP 型材管，此外，一根无混凝土的空心 FRP 型材管作为参照试件。

　　Belzer 的试验结果表明，与空心 FRP 型材矩形管相比，内部浇筑混凝土的组合梁具有更高的抗弯强度和刚度，且试件的受弯性能明显受混凝土与 FRP 型材管间黏结程度的影响。FRP 型材管内部表面涂有较多环氧树脂的试件，型材管与混凝土之间复合作用较好，相对滑移较小，整体受弯性能突出。然而，在试验过程中可以观察到组合梁的脆性破坏，表明了 FRP 型材组合构件延性较差，其对结构的安全构成潜在威胁。此外，由于 FRP 型材整理设计理论的限制，组合梁与柱构件之间的节点连接仍然没有完善的理论指导。FRP 型材混凝土组合结构的进一步推广，首先需要重点解决梁柱节点构造设计问题和如何提高组合构件的延性。

　　FRP 工字钢是 FRP 型材组合梁中使用的另一种典型型材，通常由上下两个翼缘和一个腹板组成，腹板与翼缘的尺寸可以根据不同的要求进行设计。工字型材用于组合梁设计时通常有两种典型设计：一种是将工字型材放置在梁构件的外部，用于梁构件的下侧受拉；另一种是将其包裹在混凝土中，放置在梁试件的受拉侧或者中间。第一种设计已被一些研究者广泛研究，例如，Nordin 等对受拉侧采用工字钢增强加固的组合梁进行了试验，其横截面设计如图 1-7 所示。在本研究中，所有的 FRP 型材工字钢均在翼缘底部粘贴一层碳纤维布，以提高其抗弯强度和刚度。试验设计的主要变量是放置在受压侧的混凝土块以及混凝土块与上翼缘之间的连接方式。试验设计了两种类型的连接方式，分别使用高强度抗剪连接件［见图 1-7（b）］和环氧树脂［见图 1-7（c）］将混凝土块与上翼缘连接。

　　试验结果表明，通过与无混凝土试块的参照工字型材相比，受压区浇筑混凝土块的组合梁呈现了更高的极限荷载。混凝土与翼缘的复合作用因连接方式的不同而不同。混凝土与翼缘采用环氧树脂黏结的组合梁，呈现了更好的组合性能，其抗弯强度和刚度均高于采用抗剪连接件的组合梁。然而，这种组合梁所显示的一些缺点也不容忽视。例如，FRP 型材组合结构延性缺失的问题在该组合梁中依然存在；此外，该类型组合梁由于腹板部分强度低，受弯过程中过早发生了屈曲，导致梁构件的稳定性较差，材料难以达到极限强度；在没有混凝土保护层的情况下，暴露在外部的工字钢更容易受到火灾或高温的影响，耐久性较差。

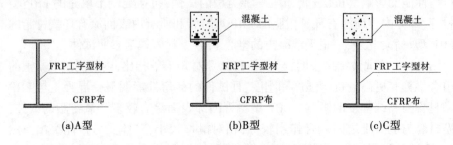

图 1-7　FRP 工字型材组合梁

　　为了解决 FRP 工字型材组合梁在受弯时的稳定性问题,Kwan 等提出了一种新型的 FRP 型材组合梁。该组合梁设计时最主要的设计理念是将 FRP 工字型材包裹在混凝土中,而不是将其单纯地放在组合梁的下部,如图 1-8(a)所示。该设计可以尽可能地避免 FRP 工字型材在受弯过程中发生屈曲,提高组合梁的稳定性。同时,在工字型材上下两个翼缘处安装了剪力键,以减少 FRP 工字型材和混凝土之间的相对滑动[见图 1-8(b)],改善组合结构的抗弯性能[见图 1-8(c)]。

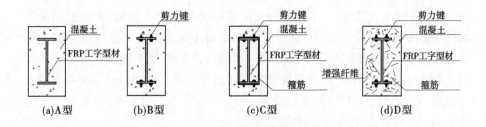

图 1-8　FRP 工字型材内嵌式组合梁

　　Kwan 等的试验结果表明,由于受到周围混凝土的充分约束,FRP 工字型材的稳定性得到明显改善,受弯过程中腹板部分的屈曲可以避免。同时,剪力键对组合梁的受弯性能影响较大,使用剪力键可以明显提高混凝土与工字型材之间的剪力传递,改善其受弯性能,组合梁的极限荷载与刚度有明显提高。但是,组合结构延性较差的问题依然比较明显,如何通过结构优化进一步改善组合结构的延性,依然是 FRP 型材组合结构工程应用所面临的主要科学问题。

1.3 存在问题及主要研究内容

1.3.1 FRP 型材与混凝土之间黏结性能较弱

对于多种材料复合所形成的构件与结构,其性能很大程度上取决于不同材料之间的协同作业性能,各种材料协同受力,形成有效的应力传递,才能使结构材料得到充分的利用。以常见钢筋混凝土结构为例,通过采用加肋等措施使钢筋表面粗糙,最终形成钢筋与混凝土界面之间有效的应力传递,保证了结构的性能。GFRP 筋混凝土结构在设计时同样需要解决该问题,通常采用喷砂处理增强 GFRP 筋表面的粗糙程度,提高摩擦系数,以确保整体结构性能。尽管 FRP 型材与 GFRP 筋在基本材料组成上类似,但是两者生产工艺差别较大,且通常情况下 FRP 型材拥有更大的横截面以及更加光滑的表面,黏结性能对 FRP 型材组合结构的受力性能影响更加明显。因此,其与混凝土之间的黏结性能与 FRP 筋混凝土之间的黏结有本质不同,有必要研究 FRP 型材与混凝土的黏结性能。

Goyal 等对 FRP 型材与混凝土之间的黏结性能进行了初步的试验。试验中将 FRP 型材作为永久模具,将混凝土与 FRP 型材浇筑在一起。试验主要对混凝土与 FRP 型材接触的界面进行了不同程度的处理,包括使用环氧黏结剂以及采用喷砂处理。使用环氧树脂增强界面时,在混凝土浇筑前 10 min 左右,将环氧树脂均匀涂抹在型材的内表面,之后浇筑混凝土;使用喷砂处理时,首先在型材与混凝土的接触面均匀涂抹环氧树脂,之后涂上粗砂颗粒,最后浇筑混凝土。Goyal 采用了一种新型的拉拔设备开展了黏结试验。试验结果表明,使用喷砂处理的界面表现了更好的黏结应力,而未经处理的表面则显示了较差的黏结性能。Goyal 等未能系统提出对应的黏结滑移破坏机制以及黏结应力的计算理论。

拉拔试验通常是研究钢筋或者 GFRP 筋与混凝土黏结性能常用的试验方法,目前已经形成了一些可参考的试验标准用于研究筋材与混凝土之间的黏结性能与滑移性能。然而,由于材料本身尺寸差异大,传统筋材的拉拔试验不能直接用于 FRP 型材与混凝土黏结性能的试验研究。比如,传统拉拔试验所涉及钢筋或 FRP 筋直径较小,便于在试验机上固定,而 FRP 型材由于截面形状不规则且尺寸通常较大,难以直接在试验机上进行固定。且 FRP 型材作为新材料在土木工程中应用时间较短,缺少相关的试验标准。因此,总体上目前对 FRP 型材与混凝土黏结性能的研究,无论是试验研究还是理论分析,都还比较有限,有必要开展相关的试验研究,确立 FRP 型材与混凝土之间黏结滑移的试验方法,并系统地提出黏结滑移本构关系与计算模型。

1.3.2　FRP 型材组合结构延性缺失

结合 FRP 型材组合结构的研究现状可以发现,FRP 型材组合结构的延性较差,是其在工程应用过程中较大的阻碍。FRP 复合材料(包括 GFRP 筋或 FRP 型材)主要由树脂基体与玻璃纤维或者碳纤维组成。因为所有的组成材料均呈现出线弹性的材料特性,导致 FRP 复合材料延性较差。当 FRP 复合材料用在结构中时,由于 FRP 材料和混凝土均为脆性材料,其形成的组合结构也通常呈现出脆性破坏的模式,严重威胁到 FRP 复合材料增强加固结构的使用性能。因此,如何有效提高 FRP 复合材料所形成的组合结构的延性成为学者研究的热点。学者们提出了不同的设计理论来改善 FRP 复合结构的延性,其中最典型的方法是在复合材料结构中引入一定量的钢材,利用钢材的延性弥补 FRP 材料延性的缺失,进而提高整个构件或者结构的延性。

Lau 等研究了通过使用混合筋加固的混凝土梁的抗弯性能,所使用的混合筋由 GFRP 筋和钢筋所组成。试验设计的目的是使用钢筋与 GFRP 筋组合提高 GFRP 筋加固梁构件的延性,避免构件的脆性破坏。试验涉及的试件包括三个系列,如图 1-9 所示:(a)单纯使用钢筋加固的梁试件,即传统的钢筋混凝土梁;(b)单纯使用受拉 GFRP 筋加固的梁试件;(c)使用钢筋和 GFRP 筋同时加固的梁试件。当同时使用钢筋与 GFRP 筋时,试验设计考虑了不同的钢筋取代率,用不同数量的钢筋代替 GFRP 筋,以评估钢筋对提高 FRP 混凝土梁受弯构件延性的影响。试验结果表明,采用钢筋代替 GFRP 筋是提高梁构件延性的有效途径。随着取代率的不同,梁试件破坏时延性呈现出了不同程度的提高。但是,由于试件个数较少,Lau 等并没有给出最优的替代率以及设计参考,未能形成具体设计指导。

在使用钢材来提高 FRP 混凝土构件延性时,除可以引入钢筋以提高延性外,所使用的钢材还可以是工字型钢等型材,为构件提高 FRP 筋混凝土梁的延性,如图 1-10 所示。Li 等测试了一系列用工字型钢和 GFRP 筋共同加固的梁试件的受弯性能。试验研究所涉及的参数包括 GFRP 筋的配筋率和工字型钢在梁横截面中的位置。采用四点弯曲法研究了梁试件的弯曲性能。试验结果表明,由于工字型钢的存在,该类组合梁试件表现了更高的抗弯强度和刚度;同时,与纯 FRP 筋混凝土梁相比,组合梁的延性有一定的提高。

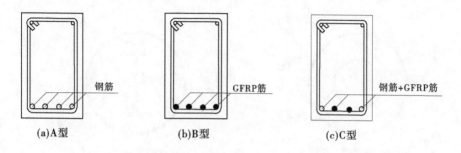

图 1-9 钢筋与 GFRP 筋组合梁设计

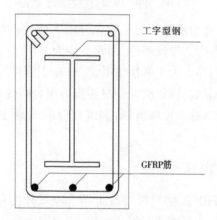

图 1-10 型钢与 GFRP 筋形成的组合梁

使用钢材改善 FRP 混凝土组合构件延性这一理论不仅适用于 FRP 混凝土梁构件,也适用于组合柱构件。最典型的 FRP-钢混凝土组合柱构件是 FRP 管-钢管双管混凝土柱,如图 1-11(a)所示。该组合梁由外部包裹的 FRP 管(通常为 FRP 缠绕管)与内部的钢管,以及两管中间浇筑的混凝土所组成。该设计优点明显:①FRP 材料与钢材同时使用,钢材在提供轴向刚度的同时,可以为构件提供一定的延性,避免构件发生脆性破坏;②FRP 材料包裹在柱构件的外侧,使构件的防腐蚀性明显提高,充分利用了 FRP 材料的耐腐蚀性;③FRP 管与钢管在混凝土受压的过程中,由于 FRP 纤维分布在柱构件的环向,可以提供充分的约束,明显提高构件的强度和刚度,提高材料的利用率。众多学者围绕该设计展开了类似的研究,包括使用工字型钢代替钢管。研究结果验证了该设计的合理性,并提出了对应的计算理论。

尽管在使用钢材增加 FRP 型材混凝土组合结构延性方面展开了一系列

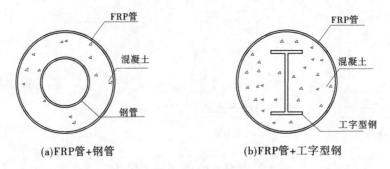

(a)FRP管+钢管　　　　　　　　(b)FRP管+工字型钢

图1-11　FRP钢组合柱的典型截面

的研究,但是多数研究为概念性的试验设计或者构件设计,试验数据较少,没有形成具体的有指导性的设计理论,因此不能为FRP型材在构件中的工程应用提供系统的设计指导。为了解决FRP型材在工程中应用面临的延性缺失问题,有必要深入开展试验研究,对钢材在提高组合构件延性设计方面提供系统的理论指导,分析其延性增加机制,丰富相应的试验数据与设计理论,建立相应的计算模型。

1.3.3　主要研究内容

本书主要针对FRP工字型材混凝土组合梁设计所存在的界面黏结问题与延性设计问题两个方面展开了深入研究。书中主要包含以下5个章节,各个章节的主要内容如下:

第1章为绪论,主要介绍FRP复合材料行业的发展现状,并重点介绍FRP型材的发展情况,包括FRP型材的生产工艺以及FRP型材在不同条件下的基本力学性能;此外,介绍了不同FRP型材在组合结构中的应用情况,包括在梁构件以及柱构件中的应用情况,以及主要存在的设计问题;最后,总结了优化FRP型材混凝土组合结构设计的常用理论与设计方法。

第2章对FRP型材与混凝土界面之间的摩擦系数的测定展开了研究。通过参考其他文献,选取了直接剪切试验方法对FRP型材与混凝土之间的摩擦系数进行测定;对直剪试验所用的试块进行了设计,借助了岩石直接剪切试验仪开展试验,并考虑了不同混凝土类型以及黏结界面特性对摩擦系数的影响,研究了FRP型材与混凝土之间黏结界面的特性,提出了法向应力与剪应力之间的数学模型,并最终确定了FRP型材与混凝土之间摩擦系数的合理区间。

　　第 3 章内容重点开展了 FRP 型材与混凝土材料之间的黏结滑移试验研究。FRP 型材与混凝土之间的黏结滑移性能对于确保 FRP 型材混凝土组合结构性能非常重要。由于 FRP 型材表面较为光滑,通常情况下 FRP 型材与混凝土之间的黏结性能较弱。本章使用了推出试验的方法对 FRP 型材与混凝土之间界面黏结滑移性能展开分析,研究了黏结界面黏结应力的分布规律,分析了 FRP 型材不同的表面处理方式以及黏结长度对极限黏结应力的影响,并对界面的黏结滑移本构关系进行了初步探究,首次提出了 FRP 型材与混凝土之间黏结滑移本构关系。

　　第 4 章围绕 FRP 型材-钢筋混凝土组合梁的受弯性能展开了研究。钢筋混凝土梁是结构中最为常见的构件形式,综合性能突出。FRP 型材与钢筋混凝土形成的梁构件,一方面 FRP 可以为梁构件提供较高的强度和刚度,提高钢筋混凝土构件的耐腐蚀性;另一方面钢筋与 FRP 协同工作可以提高构件 FRP 型材组合构件的延性。本章使用了 FRP 工字型材与钢筋形成了组合梁结构,通过四点受弯试验研究了组合梁的受弯性能。分析组合梁的受弯破坏模式与破坏机制,研究了组合梁各个组成部分在受弯过程中所提供的作用。

　　第 5 章对本次研究所涉及的主要结论以及存在的问题进行了总结,并结合本次研究的试验结果,提出了下一步研究的具体方向。同时,结合我国复合材料行业的发展现状与机遇,对 FRP 复合材料以及 FRP 型材在各个领域中的应用前景展开了分析。

第 2 章　FRP 型材与混凝土之间摩擦系数测定试验与摩擦理论分析

2.1　前　言

　　摩擦系数是反映不同材料接触界面特性的基本参数,在进行构件设计以及不同材料进行复合时,需要考虑摩擦系数的大小以确定两种或者多种材料是否可以协同工作。例如,通常在进行有限元计算时,需要通过使用库仑摩擦理论来模拟两个不同界面的接触,而库仑摩擦理论则需要使用摩擦系数来确定两种材料黏结界面特性。然而,关于 FRP 型材与混凝土之间黏结特性的研究较少,迄今为止,作者尚未发现关于 FRP 型材与混凝土之间可参考的摩擦系数。有限单元法计算时,两者之间的接触通常假定为两个接触面的刚性连接。但研究表明,由于 FRP 型材表面光滑,其与混凝土之间的黏结界面通常较为光滑,构件受力时会有滑移的产生。因此,刚性连接在有限元分析时不能准确反应界面的接触属性,作为 FRP 型材常用的基本材料参数,有必要开展 FRP 型材与混凝土之间摩擦系数的测定研究。

2.2　摩擦试验试块设计

　　本次研究采用了经典的直接剪切试验方法来确定 FRP 型材与混凝土之间界面的摩擦系数。所使用的试块由一个混凝土块(100 mm×100 mm×100 mm)和一个从工字型材中提取的 FRP 试样组成。试件制作时,首先确保将两个部分在浇筑混凝土时一起浇筑,形成 FRP 型材和混凝土的自然黏结界面,试块的具体浇筑步骤如下。

　　为了研究 FRP 型材不同部位对摩擦系数是否有影响,型材试样分别从翼缘和腹板处分别切取一个试件。如图 2-1(a)所示,试件 A 取自翼缘,具有一个 T 形横截面,翼缘宽度为 100 mm,腹板部分长度为 50 mm;试样 B 取自腹板,尺寸为 100 mm×100 mm。由于试件形状不同,浇筑了两种类型的试件(A 型和 B 型),如图 2-1(b)和图 2-1(c)所示。A 型试块指的是混凝土试件与工字型材翼缘所形成的试块;B 型试块指的是混凝土与工字型材腹板试件黏结所形成的测试试块。试件的整体尺寸如图 2-1(b)和图 2-1(c)所示。需要指明的是,由于没有标准的试验操作规程,本次试验通过对岩石直接剪切试验机进行改造,实现了试件的直接剪切试验;所提出的试块尺寸也是根据所使用的岩石直接剪切试验机剪切盒的尺寸而进行设计。

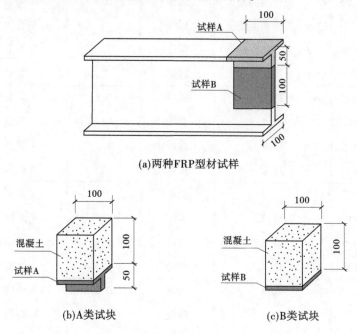

(a)两种FRP型材试样

(b)A类试块　　　　　　　　(c)B类试块

图 2-1　两种类型的试块　(单位:mm)

2.3　摩擦试验分组设计

　　本次研究共浇筑 20 个试件进行测试,并根据不同的参数设置将试件分为五组。试样的分组情况如表 2-1 所示。试件的命名由三部分组成。第一部分是数字 30 或 40,表示试块中混凝土的名义抗压强度;后面是字母 F 或 W,表示试块的 FRP 型材部分是从翼缘(F)或腹板(W)取下;随后是一个数字,表示试件在剪切试验中所加载的法向应力。此外,30FS 组中的附加字母 S 表示使用了自密实混凝土,而 40WN 组中的字母 N 表示在改组试块中,自然黏结应力已人为消除,即 FRP 型材部分与混凝土之间不存在自然黏结,在试件浇筑养护之后,人为将 FRP 型材与混凝土进行了分开。

表 2-1　试验设计

分组	试件	混凝土抗压强度（MPa）	FRP 型材位置	法向应力（MPa）	试块类型
30FS	30F0.5S	32.8（自密实混凝土）	翼缘	0.5	A 类型
	30F1S	32.8（自密实混凝土）	翼缘	1	A 类型
	30F1.5S	32.8（自密实混凝土）	翼缘	1.5	A 类型
	30F2S	32.8（自密实混凝土）	翼缘	2	A 类型
30F	30F0.5	33.4	翼缘	0.5	A 类型
	30F1	33.4	翼缘	1	A 类型
	30F1.5	33.4	翼缘	1.5	A 类型
	30F2	33.4	翼缘	2	A 类型
40F	40F0.5	42.3	翼缘	0.5	A 类型
	40F1	42.3	翼缘	1	A 类型
	40F1.5	42.3	翼缘	1.5	A 类型
	40F2	42.3	翼缘	2	A 类型
40W	40W0.5	42.3	腹板	0.5	B 类型
	40W1	42.3	腹板	1	B 类型
	40W1.5	42.3	腹板	1.5	B 类型
	40W2	42.3	腹板	2	B 类型
40WN	40W0.5N	42.3	腹板	0.5	B 类型
	40W1N	42.3	腹板	1	B 类型
	40W1.5N	42.3	腹板	1.5	B 类型
	40W2N	42.3	腹板	2	B 类型

　　试验的第一组为 30FS 组,该组试验设计的主要试验目的是测试自密实混凝土与工字型材之间的摩擦系数。所使用的混凝土为自密实混凝土,名义的抗压强度为 30 MPa。而在 30F 组中,则使用了名义抗压强度为 30 MPa 的普通混凝土。通过自密实混凝土与 FRP 型材的摩擦系数测试和普通混凝土与

FRP 型材的摩擦系数测试,研究混凝土类型对 FRP 型材混凝土界面摩擦系数是否存在影响。

40F 组与其他组主要的区别是使用了名义抗压强度为 40 MPa 的混凝土,通过与 30F 组的对比来评估混凝土抗压强度对摩擦系数的影响。40 W 组表示试块所使用的型材取自工字型材腹板,重点研究 FRP 工字型材不同位置试件对摩擦系数的影响。40WN 组是本次试验的一个参考组,其中试样具有与40W 组相同的尺寸与材料组成,区别在于每个试样和混凝土试块在剪切试验前已经被分离,不再是自然黏结的状态。因此,在试验过程中,40WN 组试样界面的化学黏结效应并不存在。每组试件分别在 4 种法相应力作用下开展直接剪切试验,四种应力分别为 0.5 MPa、1 MPa、1.5 MPa、2 MPa。

本次试验所采用的方法为直接剪切试验,直接剪切试验在土力学以及岩石力学中被广泛地应用于测定土体与岩石等的摩擦性能。直接剪切试验在操作时需要选取合适的法向应力。如果法向应力过大,可能会对测试的材料,如对混凝土块以及 FRP 型材造成破坏,或造成黏结面的破坏。一旦测试材料与原始界面发生了破坏,就不能够准确地测试出界面的摩擦系数;如果法向应力太小,也有可能造成较大的试验偏差,不能测试出准确的摩擦系数。因此,确定合理的正应力数值以及数量级非常重要。但在 FRP 型材混凝土复合结构中,混凝土与型材的法向应力很难依靠传统技术来获得。因此,为了准确地测定摩擦系数,本研究以 FRP 片材加固约束混凝土柱试验数据为参考,来确定法向应力的数量级与大致范围。

在过去的十几年中,以滕锦光教授为代表的众多学者针对 FRP 片材约束混凝土柱开展了大量的研究。相关研究对 FRP 约束混凝土时的混凝土本构关系以及 FRP 片材产生的约束作用进行了详细的分析,对于混凝土受压膨胀与 FRP 片材之间所产生的法向应力有详细的试验数据。其中,FRP 片材与混凝土之间法向应力相应的计算公式如式(2-1)所示:

$$f_1 = \frac{2f_{\text{FRP}}t}{d} \qquad (2\text{-}1)$$

式中,f_1 为环向的约束应力,或称为法向应力;f_{FRP} 为 FRP 片材在受到膨胀时所产生的拉应力;t 为缠绕在柱子上的 FRP 片材的厚度;d 为柱子试件的直径。具体计算示意如图 2-2 所示。

表 2-2 收集了部分 FRP 约束混凝土柱子试件中的法向应力计算结果。从数据中可以看出,多数的极限法向应力在 5~10 MPa 浮动。而通常情况下,实际构件中的法向应力一般不会超过极限法向应力。综合所有的可参考的试

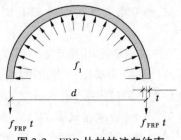

图 2-2   FRP 片材的法向约束

验数据,可确定本次摩擦试验所采用的 4 个法向应力值为 0.5 MPa、1 MPa、1.5 MPa 和 2 MPa。结合本次研究的试验结果,验证了该方法所选择应力数值的合理性。

表 2-2   FRP 约束混凝土柱法向应力数据

数据来源	直径 d (mm)	高度 H (mm)	弹性模量 E_{FRP}(GPa)	弹性模量 f_{FRP}(MPa)	FRP 厚度 t_{FRP}(mm)	法向应力 f_1(MPa)
	150	300	26.49	537	0.508	3.637
Bakhshi et al. 2007	150	300	26.49	537	1.016	7.275
	150	300	26.49	537	2.032	14.549
Almusallam. 2007	150	300	27	540	1.3	9.360
Au and Buyukoztrk 2005	150	375	26.1	575	1.2	9.200
Cui and Sheikh 2010	152	305	22	508.2	1.25	8.359
	152	305	22	508.2	2.5	16.717
Harries and Carey 2003	152	305	4.9	75	3	2.961
	152	305	4.9	75	9	8.882
Harries and Kharel 2002	152	305	4.9	75	1	0.987
	152	305	4.9	75	2	1.974
Lam and Teng 2004	152	305	21.8	506.9	1.27	8.471
	152	305	21.8	506.9	2.54	16.941

续表 2-2

数据来源	直径 d (mm)	高度 H (mm)	弹性模量 E_{FRP}(GPa)	弹性模量 f_{FRP}(MPa)	FRP 厚度 t_{FRP}(mm)	法向应力 f_1(MPa)
Li et al. 2006	152.4	305	15.1	320.2	0.738	3.101
Lin and Chen 2001	120	240	32.9	743.9	0.9	11.159
	120	240	32.9	743.9	1.8	22.317
Mandal et al. 2005	103	200	26.1	575	1.3	14.515
	105	200	26.1	575	2.6	28.476
Nanni and Bradford 1995	150	300	52	583	0.3	2.332
	150	300	52	583	0.6	4.664
	150	300	52	583	1.2	9.328
Teng et al. 2007	152.5	305	80.1	1 826	0.17	4.071
	152.5	305	80.1	1 826	0.34	8.142
	152.5	305	80.1	1 826	0.51	12.213
Wu et al. 2006	150	300	80.5	1 794	0.354	8.468
Youssef et al. 2007	406.4	312.8	18.47	424.7	7.267	15.188
	406.4	312.8	18.47	424.7	4.472	9.347
	406.4	312.8	18.47	424.7	3.354	7.010
	406.4	312.8	18.47	424.7	1.677	3.505
	152.4	304.8	18.47	424.7	3.354	18.693
	152.4	304.8	18.47	424.7	1.677	9.347
Wang et al. 2015	89	300	12.9	41	6	5.528
	183	800	10	50	8	4.372

2.4 摩擦试验试件浇筑

本章试验所用主要材料与第 4 章中材料基本相同,因此材料测试部分未在本章体现,可以参考第 4 章中材料性能测试部分。试件制作具体步骤如下:首先将混凝土试块浇筑所使用的定制模具准备好。模具准备过程中需要注意的是,由于需要测定 FRP 与混凝土之间的摩擦系数,需要保留两者之间的原始黏结界面,因此浇筑的时候要确保 FRP 型材与混凝土黏结在一起,如图 2-3(a)所示。将从翼缘以及腹板中提取的 FRP 型材试样固定在对应的模具中,所有试样的界面尺寸为 100 mm×100 mm。为了将混凝土和试件浇筑在一起,FRP 型材试件固定在模板的一侧[见图 2-3(b)],等到养护结束脱模时,小心地将混凝土试块与黏结为一体的 FRP 型材一起取下。准备好对应的模具后,浇筑不同类型与批次的混凝土,同时手动进行振捣。7 d 后脱模,然后在潮湿环境中养护至 28 d,完成试块第一阶段的制作。

　　本次试验所使用的直接剪切试验装置原用于岩石直剪试验,上下剪切盒的截面尺寸为 120 mm×120 mm,比所使用的混凝土小试块的截面尺寸大。为了将制作好的剪切试件固定在剪切盒中,需要对试块进行二次加工。试验主要通过在混凝土与剪切盒之间的缝隙中填充高强快硬石膏来实现。如图 2-3

(a)FRP型材试样　　　　　　　　(b)模具

(c)浇筑混凝土　　　　　　　　(d) 试块

图 2-3　试块的制备

所示,所定制的塑料模板剪切盒尺寸与直剪仪剪切盒相同。进行二次加工时,将配制好的高强度快硬石膏浆体缓缓倒入定制的模具中[见图 2-4(c)],直至石膏浆体充满整个模具与混凝土试块的缝隙。在浇筑石膏时,必须确保 FRP 型材和混凝土块之间的黏结面处于水平状态。40 min 后,快硬石膏达到脱模强度后可进行脱模,如图 2-4(d)所示,整个试块浇筑过程完成,然后在自然条件下进行养护。7 d 以后,用直剪仪对二次处理过的试件进行测试。

(a)初次成形试块

(b)试件放置在模具中

(c) 浇筑高强石膏

(d) 最终测试试块

图 2-4　二次浇筑高强石膏

2.5　直接剪切试验

直剪试验通常是岩土工程师用来测试土体或者岩石剪切强度的一种传统试验方法,主要针对土体以及岩石开展直剪试验,目前已有详细的试验规程与操作标准。根据研究需要,也有学者对直接剪切试验设备进行改造,将改造过的设备用来测试钢材与混凝土之间的摩擦系数或者钢材与沥青之间的摩擦系数,测试结果表明了直接剪切试验方法对于测试摩擦系数的有效性。据此,本次研究使用了改造的岩石直剪仪来测试混凝土与 FRP 型材之间的摩擦系数。

如图 2-5(b)所示为 A 型试样在直接剪切试验中固定的示意图。试样整体固定在上剪切盒中,同时在下剪切盒底部放置一块钢板,以调整 FRP 型材与混凝土黏结面的位置恰好处在上下剪切盒中间。在进行 B 型试件的直接剪切试验时,由于试件高度不同,钢板的高度也随之进行了调整。同时,在钢板和试样之间放置一层薄薄的高岭土,以消除界面上所可能存在的缝隙。设

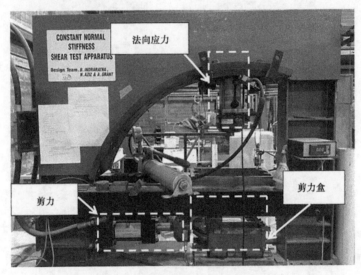

(a)直接剪切仪

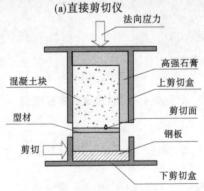

(b)测试示意图

图 2-5　测试装置

置完成后,在上剪切盒处施加所要求的法向应力,在下剪切盒上按照 0.1 mm/min 的速率施加位移控制的剪力。当达到极限剪切荷载时,试验终止,此处所说的极限剪切荷载即 FRP 型材与混凝土界面之间发生明显的分离,荷载出现明显下降的时刻。

2.6　直接剪切试验结果

2.6.1　破坏模式

本次试验共测试了 20 个试块,其中 1 个试块由于操作失误没有测试成功,其余 19 个试块测试顺利开展。所有的试块在破坏时表现了相似的破坏模式,破坏后示意图如图 2-6 所示。测试过程中,剪切应力随着剪切位移增加而逐渐增大,最终,达到极限剪切位移时,FRP 型材与混凝土之间发生分离,剪应力迅速降低。从分离后的界面可以看出,无论是 FRP 型材的界面还是混凝土的界面,均表现为完整的界面,没有其他损伤的痕迹。该结果表明在剪切破坏发生时,发生的是纯剪切破坏。即剪切破坏没有发生在 FRP 型材内部或者混凝土层,而是发生在两者的表面,整体试验现象合理,验证了剪切试验的有效性。

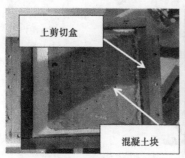

(a)剪切破坏后的混凝土块　　(b)剪切破坏后的FRP型材

图 2-6　试块破坏模式

2.6.2　剪切应力—滑移曲线

图 2-7 显示了本次试验相关的剪切应力—滑移曲线。其中 4 组(30FS、30F、40F 和 40W)试件的曲线特征相似。具体表现为:在初始阶段,曲线经历部分波动,剪切应力始终保持了线性增加的趋势。表 2-3 总结了所有试件的

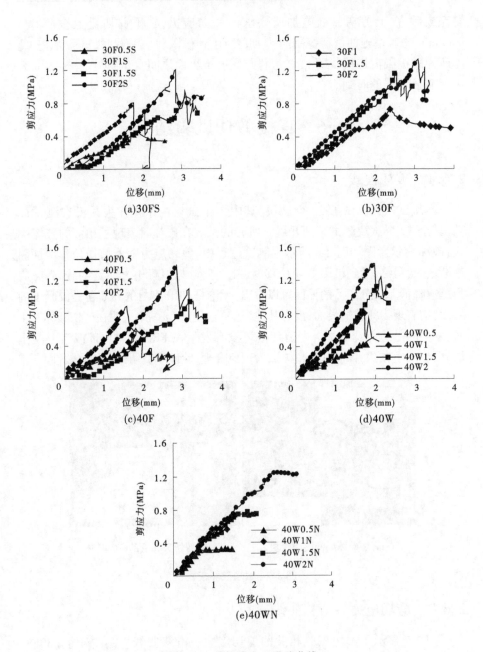

图 2-7   剪切应力—滑移曲线

表 2-3　试验结果

法向应力(MPa)	30FS		30F		40F		40W		40WN	
	实际法向应力(MPa)	极限剪应力(MPa)	实际法向应力(MPa)	极限剪应力(MPa)	实际法向应力(MPa)	极限剪应力(MPa)	实际法向应力(MPa)	极限剪应力(MPa)	实际法向应力(MPa)	极限剪应力(MPa)
0.5	0.53	0.50	—	—	0.57	0.51	0.5	0.53	0.52	0.34
1	1.07	0.71	0.96	0.74	1.04	0.90	1.04	0.79	1.02	0.60
1.5	1.34	0.88	1.54	1.02	1.46	0.96	1.50	1.10	1.43	0.75
2	1.95	1.21	2.01	1.39	2	1.39	2.01	1.41	2.13	1.22

极限剪切应力和相应的正应力。尽管按照要求,试件在直接剪切试验的过程中,发现应力是恒定不变的。但应注意的是,由于剪胀效应的存在,实际法向荷载在测试的过程中略有波动。因此,表 2-3 列出了理论正应力和实际正应力的两种应力状态,两种应力状态之间表现出了微小的差距。

40WN 组的剪切应力—位移曲线如图 2-7(e) 所示,其表现出了与其他 4组不同的黏结曲线发展规律。40WN 组试件施加剪切荷载以后,剪应力线性增大至极限剪切应力,然后保持恒定;而其余 4 组试件达到极限应力时,黏结应力出现了突然下降。根据 40WN 组和 40W 组剪切应力—位移曲线的差异(两组试块之间除界面性能差异外,其他参数均相同),可以证实 30FS、30F、40F 和 40W 组剪切应力突然下降是由于化学黏结力丧失所致;而 40WN 组的试件因为在测试之前已经人为地消除了化学黏结力的影响,在达到极限剪切应力时,试块与 FRP 型材之间发生了滑移,但是剪应力并未明显的降低。此外,由于化学黏结力的缺失,40WN 组的极限剪切应力也较 40W 组略有降低。

2.6.3　极限剪切应力—法向应力关系

试验结果提取了每组试件的极限剪切应力与法向应力数据,并通过曲线拟合的方式研究了两者之间的联系。拟合结果如图 2-8 所示,极限剪切应力与法向应力之间存在线性关系,拟合结果如式(2-2)所示:

$$\tau' = \mu\sigma + c \tag{2-2}$$

式中,τ' 为黏结面的剪切应力;μ 为摩擦系数;σ 为法向应力;c 为常数。拟合结果表明实际的剪应力实际上由两部分组成,一部分是摩擦作用所产生的摩擦应力,另一部分是有两者之间的化学黏结力形成的黏结应力。

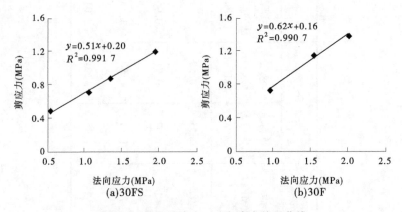

图 2-8　极限剪应力—法向应力关系曲线

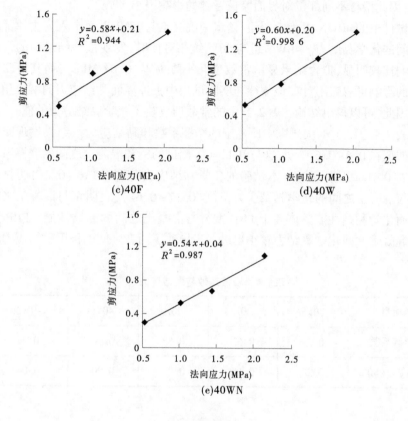

续图 2-8

首先通过 30FS 组与 30F 组的对比研究了不同混凝土类型对摩擦系数的影响。两组试块混凝土抗压强度基本相同,但混凝土种类不同,30FS 组混凝土为自密实混凝土,而 30F 组为普通混凝土。试验结果显示 30FS 组摩擦系数为 0.51,明显小于 30F 组的摩擦系数 0.62。其原因可能是自密实混凝土的高流动性,使混凝土拥有更好的致密性,混凝土界面也更加光滑,最终使界面摩擦系数较小。

混凝土抗压强度对摩擦系数的影响通过对比 30F 组和 40F 组进行分析。两组试块的摩擦系数分别为 0.62 和 0.58,相差较小。进而说明了不同混凝土强度对摩擦系数的影响较小,因为不同的混凝强度在材料组成以及界面物相上的区别并不明显。此外,为了研究工字型材不同部分的影响,40F 组和 40W 组混凝土保持了相同的抗压强度,但 40F 组试块是从翼缘切取的试样,而 40W 组则是从腹板切取试样。试验结果显示,两组试件摩擦系数也无明显差异,因此型材不同部位对界面摩擦系数的影响很小。

　　试件中的 40WN 组为参照组,该组中混凝土与 FRP 界面中人为去掉了两者之间的化学黏结力。40WN 组与 40W 组相对比时,发现拟合结果中的常数项影响比较明显,拟合结果显示常数项几乎降为零(0.04 MPa),而其对摩擦系数的影响可忽略不计。该规律与实际试块中去掉界面黏结应力的事实相一致。因此,可以得出结论,式(2-2)中的常数项反映了化学黏结应力的值。

　　表 2-4 总结了本次研究中所确定的摩擦系数和黏结应力。结果发现摩擦系数的值在 0.5~0.6 浮动,这与 Rabbat 等测试的钢和混凝土之间的摩擦系数(0.57~0.70)相似。然而,本试验的化学黏结应力范围(0.16~0.21)明显小于钢与混凝土之间的化学黏结应力范围(0.17~0.61),表明钢与混凝土之间的界面化学黏结性能整体高于 FRP 型材与混凝土之间的黏结性能。FRP 型材与混凝土之间化学黏结力较小也进一步导致了两者之间的极限黏结应力较弱。

表 2-4　摩擦系数与黏结应力

项目	30FS	30F	40F	40W	40WN
摩擦系数	0.51	0.62	0.58	0.60	0.54
黏结应力(MPa)	0.20	0.16	0.21	0.20	0.04

2.7　本章小结

　　本章主要研究了 FRP 型材与混凝土之间的摩擦系数。摩擦系数是各种材料,包括 FRP 型材重要的基本材料属性,也是开展 FRP 型材混凝土组合结构相关有限元分析所需要的基本参数。本章通过开展 20 个试块的直接剪切试验来确定 FRP 型材与混凝土之间界面的摩擦系数。试验所涉及的主要变量包括混凝土种类、混凝土抗压强度、FRP 型材不同部位等基本参数,主要结论如下:

　　(1)本次研究所提出的直接剪切试验是一种非常有效的测试方法,能够准确测定界面的摩擦系数范围,同时,对于同类型材料摩擦系数的测定也具有重要参考意义。FRP 型材与混凝土之间摩擦系数在 0.5~0.6,两者之间的化学黏结强度约为 0.2 MPa。

（2）混凝土类型不同，其与 FRP 型材之间的摩擦系数也不相同。本次研究中，自密实混凝土与 FRP 型材的摩擦系数小于普通混凝土与 FRP 型材之间的黏结系数。

（3）不同的混凝土抗压强度以及 FRP 型材的不同部位，对摩擦系数的影响较小，主要原因是不同混凝土之间的表面特征差异较小，对黏结界面的摩擦性能以及黏结性能差异影响均较小。

尽管本次研究从参数设置与试验设计方面做了认真的分析，但研究结果仍然具有一定的局限性。首先，考虑到混凝土强度不够丰富，高强度的混凝土没有在本次研究中考虑；其次，混凝土种类有限，常见的混凝土，如钢纤维混凝土、聚合物纤维混凝土等，对混凝土表面特性影响较大，对摩擦系数的影响需要进一步探讨；此外，由于设备并非专用设备，尽管有合理的理论支撑，但设备对测试结果的准确性仍难以估量，试验数据量比较小，试验结构可能存在一定的随机性。因此，摩擦系数的结果的准确性需要进一步提高，需要更多的试验数据进行支撑。

第 3 章　FRP 型材与混凝土之间黏结滑移试验研究与理论分析

3.1　前　言

多种材料复合而成的构件或者结构,不同材料之间界面的黏结性能是确保整个结构性能的基础。如钢筋混凝土结构中,整体结构的性能不仅与钢筋和混凝土材料的强度有关,更与钢筋与混凝土之间的黏结强度有关。材料之间有效的黏结确保了应力在构件中的有效传递以及构件整体的性能。例如,钢筋与混凝土之间黏结滑移性能比较突出,促进了钢筋混凝土结构在土木工程中的广泛应用。FRP 型材与混凝土之间形成组合结构时,也需要界面足够的黏结强度确保组合后的结构性能。对于 FRP 型材混凝土组合结构中通常使用的 FRP 型材,无论是 FRP 型材管或是 FRP 工字型材等,表面积均比较大。因此,FRP 型材与混凝土之间的黏结性能对结构整体的性能影响更加明显。对黏结性能的充分研究,有助于完善 FRP 型材组合结构的设计理论。

但是,针对于 FRP 型材与混凝土之间黏结滑移的研究整体较少,无论是在试验数据还是理论分析方面,都缺少足够的研究基础。常用的研究不同材料黏结滑移性能的方法主要是拔出试验,通过拔出试验数据来研究黏结面的黏结应力分布情况,并提出对应的黏结滑移本构关系。钢筋以及 FRP 筋有成熟的试验方案与操作规程,FRP 型材由于材料尺寸较大,通常情况下不便于开展拔出试验,因此需要创新的试验方法与理论来研究 FRP 型材与混凝土之间的黏结滑移关系。

本书提出了创新的试验方法用来研究 FRP 型材与混凝土之间黏结性能。所采用的玻璃钢拉挤型材为 FRP 工字型材。试验方法与常用的拉拔试验不同,本研究中采用了推出试验来研究界面的黏结性能。试验共测试了 5 个不同配置的试样,研究的参数包括黏结长度、箍筋和 FRP 型材不同的表面处理方式。根据试验结果,给出了其破坏模式、黏结应力滑移曲线和黏结应力分布曲线,讨论了箍筋和黏结长度对界面黏结性能的影响,分析了荷载沿型材截面与混凝土界面的传递机制。最后,提出了初步的黏结应力—滑移本构模型,该模型的预测结果与试验结果吻合较好。

3.2　黏结滑移试块设计

本章试验研究所涉及的主要材料与第 4 章中主要材料相同,相关材料测试可以参考第 4 章中的材料测试部分。用于黏结滑移试验的试样为混凝土矩形柱,如图 3-1 所示,其横截面尺寸为 200 mm×350 mm。对于所有试样,工字型材放置在混凝土中心,被混凝土所包裹,其腹板方向与试件横截面的长边平行。在每个试样的顶端,部分工字型材(约 10 cm)留在混凝土外部,以便试验时将工字钢推出。在工字型材底部留出 50 mm 的净距,该部分混凝土与 FRP 型材之间使用塑料薄膜隔开,两者之间不存在化学黏结,形成一部分脱黏区域。如图 3-2 所示,脱黏区域的设计参考 ACI 440.3R—2012 建议的 GFRP 筋拉拔试验用试样的设计。脱黏区域设计可以确保 FRP 工字型材从混凝土中推出时,不会压碎底部的混凝土材料。

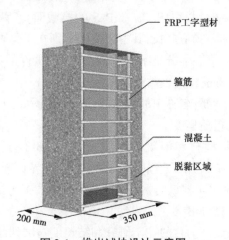

图 3-1　推出试块设计示意图

在 AS、BS 和 BSS 试件中,使用了直径为 10 mm、名义抗拉强度为 250 MPa 的 R10 钢筋作为箍筋,以研究箍筋约束对于界面黏结性能的影响。由于纵向钢筋不能为混凝土提供任何约束,通常认为这些钢筋对界面黏结性能的影响很小。同时,为了便于试件材料统一,所有试件的纵筋均采用了与箍筋型号一样的 R10 钢筋。

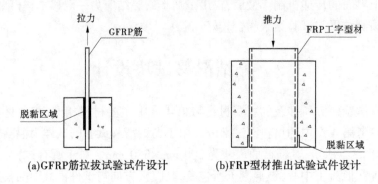

(a)GFRP筋拉拔试验试件设计　　　(b)FRP型材推出试验试件设计

图 3-2　脱黏区域设计

3.3　黏结滑移试验设计

本次研究总浇筑和测试了 5 个试件(见图 3-3),表 3-1 显示了试件的具体配置,图 3-4 显示了 5 个试件的两种横截面类型,截面 A—A(试件 A 和 B 的横截面)和截面 B—B(试件 AS、BS 和 BSS 的横截面)。两种类型的横截面尺寸均为 200 mm 宽和 350 mm 长,其中主要的差别在于是否使用箍筋。试件的名称由三部分组成,第一部分是字母 A 或 B,表示试件的不同黏结长度(A 代表黏结长度为 300 mm,B 代表黏结长度为 450 mm);第二部分是字母 S,其表示该试件中使用了箍筋;名称中的第三个字母 S 表示在工字型材表面使用了喷砂以增加界面的粗糙程度。

试件 A 由工字型材和混凝土所组成,如图 3-3(a)所示,黏结长度为 300 mm。试件 AS 中使用了箍筋,以研究箍筋对界面黏结性能的影响[见图 3-3(b)],并使用了 4 根纵向钢筋固定箍筋,试件 A 与试件 AS 的主要区别在于箍筋的使用。试件 B[见图 3-3(c)]由混凝土和工字型材组成,黏结长度为 450 mm,设计该试件的目的在于研究黏结长度对试件黏结性能的影响。纵向钢筋和箍筋用于试件 BS 和试件 BSS 中[见图 3-3(d)]。此外,为了改善界面黏结性能,在 BSS 试件的工字型材截面上使用环氧树脂作为胶粘剂涂抹了粗砂,以增大界面的粗糙度,进而增加两种材料的界面黏结性能。

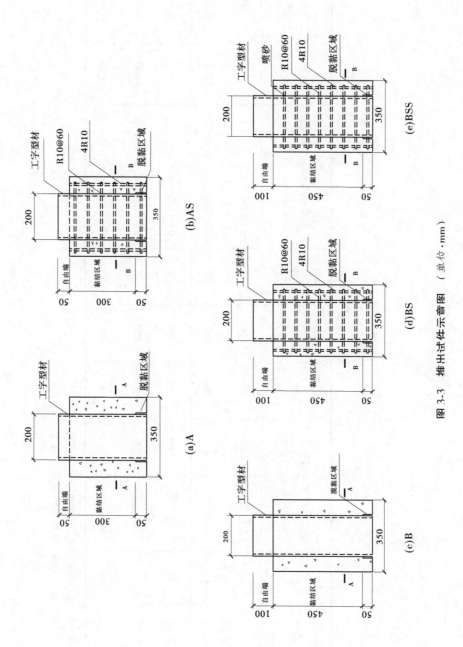

图 3-3　推出试件示意图　（单位：mm）

表 3-1 试验设计

编号	试件	横截面尺寸 (mm×mm)	试件高度 (mm)	自由端高度[1] (mm)	黏结长度[2] (mm)	脱黏区域高度 (mm)	工字型材尺寸 (mm×mm×mm)	箍筋 (mm)	纵筋 (mm)	工字型材表面状态
A 组	A	350×200	400	50	300	50	200×100×10	—	—	光滑
	AS	350×200	400	50	300	50	200×100×10	R10@60	4R10	光滑
B 组	B	350×200	600	100	450	50	200×100×10	—	—	光滑
	BS	350×200	600	100	450	50	200×100×10	R10@60	4R10	光滑
	BSS	350×200	600	100	450	50	200×100×10	R10@60	4R10	喷砂

注:[1]自由端指的是 FRP 型材突出混凝土的部分;
[2]黏结长度=混凝土试件高度-脱黏部分长度。

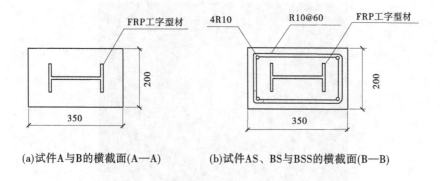

(a)试件 A 与 B 的横截面(A—A)   (b)试件 AS、BS 与 BSS 的横截面(B—B)

图 3-4 试件界面 （单位:mm）

3.4 黏结滑移试件浇筑

试件的制备过程主要包括切割工字形截面(见图 3-5)、粘贴应变片和浇筑混凝土等三个阶段。首先将标准长度的 FRP 型材切割成试件所需要的长度;之后,分别在翼缘和腹板的纵向粘贴应变片,所有的应变片均设置在黏结区域内,如图 3-6 所示。共有 10 个应变片粘贴在试件 A 和 AS 的截面上,其中,5 个应变计($S_1 \sim S_5$)粘贴接在翼缘上,5 个应变计($S_6 \sim S_{10}$)粘贴在腹板上[见图 3-6(a)]。对于试样 B、BS 和 BSS,7 个应变片($S_{11} \sim S_{17}$)连接在翼缘,并将另外 7 个应变计($S_{18} \sim S_{24}$)连接至腹板上[见图 3-6(b)]。根据经验黏结应力的分布特点,通常情况下,加载端附件的黏结应力较大,自由端的黏结应力较小,因此应变片在黏结区域的上部分粘贴较为密集,在试件的下部分较为稀疏,具体间距与布置如图 3-6 所示。将粘贴好应变计的工字型材放入制作好的木模板中。

为了将工字型材准确牢固地固定在模板中心,在模板底部以及工字钢底部相应位置各钻了两个小孔。所有小孔的深度都有 10 mm。然后,将两根 20 mm 长的细钢丝的两端分别插入工字型材和模板的孔中,即将工字型材固定在模板中心[见图 3-7(a)]。在进行推出试验之前,将从工字型材上移除这两根钢丝。工字型材固定在模板中心后,将绑扎好的钢筋笼放入模板中。使用两根与试样横截面长度相同的细钢筋,将两条钢丝分别固定在横向和纵向的顶部箍筋上,以确保钢筋笼的准确位置,同时,确保在浇筑的过程中,工字型材的位置不会因为混凝土的浇筑动摇[见图 3-7(b)]。

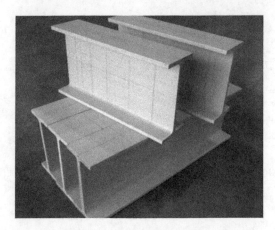

图 3-5　试验所用的 FRP 型材

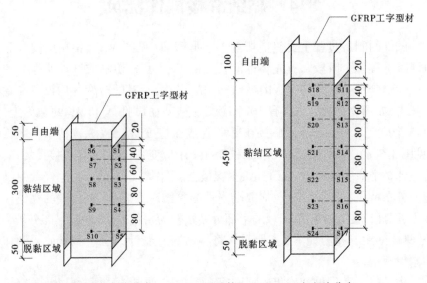

(a)试件A与AS应变片分布　　　(b)试件B、BS、BSS应变片分布

图 3-6　粘贴应变片（单位:mm）

　　为确保混凝土性能,避免试验室人工制备混凝土材料出现的各种问题,试验所使用的混凝土为商品混凝土,由混凝土搅拌车直接送至浇筑试块的试验室。所使用的混凝土坍落度为 120 mm,浇筑过程中,使用振动棒对试件进行充分的振捣。养护试件期间,为了保持试件始终处于潮湿环境下,使用了厚麻布对试块进行覆盖,并且每天进行浇水。7 d 以后,试件脱模,并处在潮湿环境下养护直到测试开始,模具与试块见图 3-8。

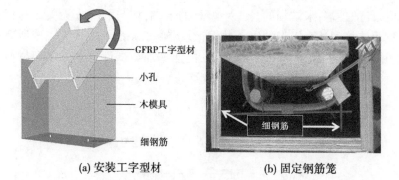

(a) 安装工字型材   (b) 固定钢筋笼

图 3-7   试件制备过程

图 3-8   模具与试块

3.5   黏结滑移试验开展

本次推出试验使用了 5 000 kN 多功能万能试验机。试验操作如图 3-9 所示,试验开始前,将试样垂直放置在试验机上。在工字型材顶部水平放置一块钢板,以均匀分布荷载,避免 FRP 型材因应力集中被压坏而影响试验结果。同时,在推出试件的底部放置了两个铁块,以确保有足够的空间将工字型材推出。用两个线性位移计(LVDTs)测量加载端的位移,两个位移计安装在加载板和支撑钢板之间的角落处。为了测量末端的位移,将一个线性位移计垂直放置在试样中 FRP 型材的下方。本研究中所指的加载端是工字型材的加载端,即试件的顶端;末端指的是工字型材的末端,均与混凝土无关。荷载和位移数据由连接到计算机上的电子数据记录器每 2 s 记录一次。完成所有设置后,使用位移控制载荷以 0.1 mm/min 的速率加载试件。当工字型材截面被推出且黏结载荷不再继续增加时,试验终止。

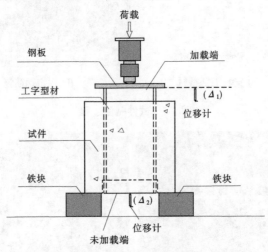

(a)推出试验示意图

(b)推出试验

图 3-9　试件加载

3.6　黏结滑移试验结果

　　试验结果分析中所涉及部分参数进行了如下的定义,书中所述的平均黏结应力(τ)定义如下:

$$\tau = \frac{P_{\text{p}}}{L_{\text{p}}C} \tag{3-1}$$

式中,P_{p} 为加载在试件上的荷载;L_{p} 为工字型材的黏结长度;C 为工字型材横截面的周长。

　　相对滑移(S_{p})在本次研究中指的是工字型材与混凝土在加载端的相对滑移。在工字型材被推出之前,末端的位移是试件的整体竖向位移,关于这一点,在后续滑移机制分析中有详细的解释。因此,在工字型材被推出之前,相对滑移(S_{p})的计算需要考虑试件的竖向变形,计算公式如下:

$$S_{\text{p}} = \Delta_1 - \Delta_2 \tag{3-2}$$

式中, Δ_1 为加载端的位移; Δ_2 为末端的位移。

　　在工字型材被推出以后,加载端的位移与末端的位移保持相同的增长,末端的位移此时已经不能代表试件的竖向位移。因此,工字型材被推出以后,相对滑移与加载端的位移是同一数据,表达如下:

$$S_{\text{p}} = \Delta_1 \tag{3-3}$$

3.7　试验结果分析

3.7.1　破坏模式

　　本次研究浇筑并测试了 5 个试件,图 3-10 显示了测试完成以后各个试件的破坏模式。5 个试件当中,4 个试样(A、AS、B、BS)的工字型材截面被成功推出,完成了黏结滑移试验,取得了有效的试验数据。对于顺利推出的工字型材,可以观察到其表面完整无损,说明剪切破坏发生在混凝土与工字型材的接触面,而不是在混凝土层或者是型材内部。此外,A、B 两个试件的混凝土表面裂缝较少,而试件 AS 和 BS 由于箍筋的作用,裂缝的发展被延缓,裂缝的整体数量以及宽度较试件 A、B 更少。在试验过程中,只有试块 BSS 中的工字型材无法推出,在荷载加载到一定程度时,加载端的 FRP 型材发生了破坏,荷载下降,试验失败。其主要原因是该试件经过喷砂处理以后,与混凝土之间黏结作用以及机械咬合力极大,导致 FRP 型材能承受的极限压应力小于混凝土与 FRP 型材之间黏结应力,因此 FRP 型材没有能够被顺利推出(见图 3-11)。

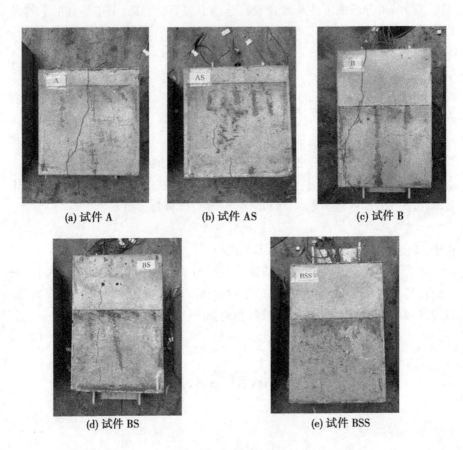

(a) 试件 A　　　　(b) 试件 AS　　　　(c) 试件 B

(d) 试件 BS　　　　(e) 试件 BSS

图 3-10　试件破坏模式

3.7.2　黏结应力—滑移曲线

黏结滑移试验顺利推出的 4 个试件(A、AS、B、BS)的黏结应力—滑移曲线如图 3-12(a)所示,典型曲线如图 3-12(b)所示。典型的黏结应力—滑移曲线可以分为如下几个阶段:在阶段(O—A)中,初始黏结应力缓慢增加。随后,黏结应力几乎呈线性增加,从 A 点一直增加到 B 点,B 点为极限黏结应力所在处,该阶段整体曲线斜率较大;在 B 点以后,黏结应力曲线略有下降,并

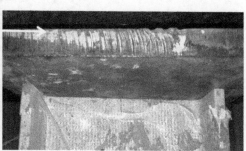

图 3-11　工字型材受压破坏

降低至 C 点,之后又一次增加到 D 点,为最大黏结应力处。需要注意的是,在本研究中,极限黏结应力是在 B 点而不是 D 点,关于两点处的具体分析将在下面的章节给出具体解释;D 点后出现一个下降段,最后工字型材滑移呈稳定增长,残余黏结应力在 0.3~0.4 MPa 范围内浮动,基本保持不变。所有试件的试验结果汇总在表 3-2 中,包括极限黏结应力、残余黏结应力以及极限滑移(S_s)和残余滑移(S_r)等试验结果。

　　试件 BSS 作为本次试验唯一未能推出的试件,其黏结应力—滑移曲线如图 3-12(c)所示,与其他 4 个试件(A、AS、B、BS)相比,其应力滑移曲线有所不同。在经历了初始阶段的波动后,曲线线性增大到最大黏结应力(非极限黏结应力),此时工字型材已发生破坏。5 个试件中,试件 BSS 试件的黏结应力最大。对于所有的试件,由于滑移现象都发生在试件内部,被混凝土所包裹,导致可以直接观察到的试验现象非常有限,因此不能仅根据试验观察对黏结应力—滑移曲线对黏结滑移机制进行深入的了解。为了为滑移现象做进一步分析,研究界面的黏结破坏机制,研究对 FRP 型材表面的应变变化情况与分布情况进行了系统分析。

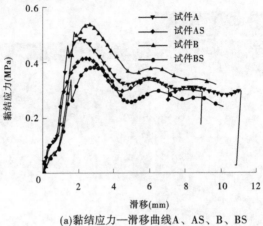

(a)黏结应力—滑移曲线A、AS、B、BS

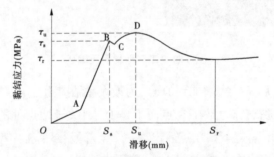

(b)典型黏结应力—滑移曲线

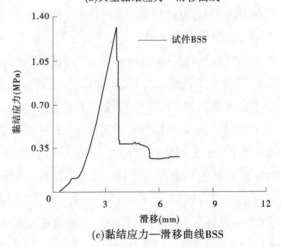

(c)黏结应力—滑移曲线BSS

图 3-12　加载端黏结应力—滑移曲线

表 3-2　试验结果

试验组	试件	极限黏结荷载(P_s)[1]（kN）	极限荷载(P_u)[2]（kN）	极限黏结应力(τ_s)（MPa）	残余黏结应力(τ_r)（MPa）	极限滑移(S_s)（mm）	残余滑移(S_r)（mm）
A 组	A	109.8	116.6	0.46	0.32	1.09	4.35
	AS	72.1	99.7	0.30	0.29	1.04	4.45
B 组	B	184.6	193.5	0.51	0.36	1.61	5.02
	BS	122.2	138.1	0.34	0.25	1.40	4.74
	BSS		474.2				—

注：[1] 极限黏结荷载在 B 点获得，如图 3-12(b) 所示；

　　[2] 极限荷载在 D 点获得，如图 3-12(b) 所示。

3.7.3　工字型材应变分布

图 3-13 和图 3-14 显示了从工字型翼缘和腹板处的应变片所提取的应变分布图。由于推出试验的试验设计特点，所有的应变均为压应变。曲线呈现了一定的相似性，因此将试样 A（见图 3-13）中工字型材截面的应变分布进行分析，作为试样 A 和试样 AS 的典型应变分布；试样 B（见图 3-14）的应变分布曲线作为试件 B 和试件 BS 的典型应变分布曲线。由于工字型材在加载端的提前破坏，工字型材没有被推出，其应变分布不能反映出应变滑移过程的整体试验规律，本研究未讨论试件 BSS 中工字型材的应变分布情况。

图 3-13(a) 和图 3-14(a) 显示了翼缘的应变—载荷关系曲线。总体上，加载端附近的应变比末端附近的应变增加幅度更加明显，原因主要是加载端附近的黏结应力已经完全抵消了所施加的荷载。因此，荷载对末端的影响很小，从而导致工字型材在末端的应变非常小。但在翼缘处观察到 S2（或 S12）的应变大于 S1（或 S11）的应变，其原因可能是 S2（或 S12）处出现了应力集中的问题。由于试样加载时，加载端的压力可能导致工字型材腹板的局部膨胀或者微小屈曲，从而导致应力集中在应变片 S2（或 S12）位置。因此，所有试件中 S2(S12) 的应变异常高于 S1（或 S11）。图 3-13(b) 和图 3-14(b) 给出了不同荷载下沿翼缘的应变分布。试样 A [见图 3-13(c) 和图 3-13(d)] 和试样 B [见图 3-14(c) 和图 3-14(d)] 观测到了相似应变—载荷曲线和应变分布。

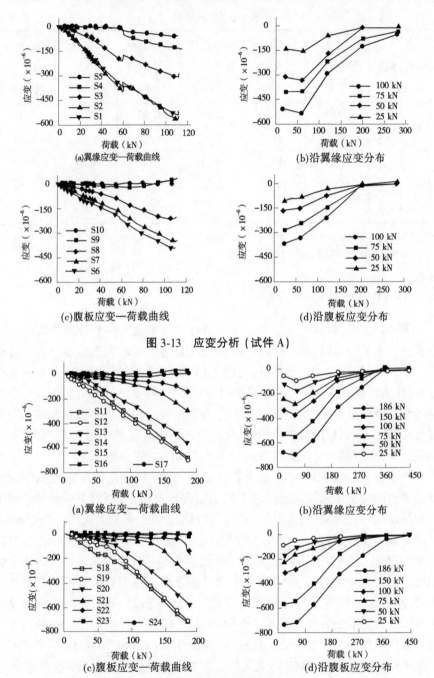

(a)翼缘应变—荷载曲线

(b)沿翼缘应变分布

(c)腹板应变—荷载曲线

(d)沿腹板应变分布

图 3-13　应变分析（试件 A）

(a)翼缘应变—荷载曲线

(b)沿翼缘应变分布

(c)腹板应变—荷载曲线

(d)沿腹板应变分布

图 3-14　应变分析（试件 B）

　　工字型材与混凝土表面的黏结应力分布也在本次研究中进行了系统的分析。此处所指的黏结应力为局部黏结应力,计算依据为两个相邻应变片之间的应变差值,计算公式如下:

$$\sigma_a A_s - \sigma_b A_s = \tau_1 dxC \tag{3-4}$$

式中,σ_a 和 σ_b 为工字型材上两个相邻应变片所处横截面的应力;A_s 为横截面的面积;τ_1 为局部黏结应力;dx 为两个黏结面之间的距离。

　　黏结应力 σ_a 和 σ_b 可以通过对应的弹性模量和压应变进行计算,因此局部黏结应力最终可以按照如下公式来计算:

$$\tau_1 = \frac{EA_s(\varepsilon_a - \varepsilon_b)}{dxC} \tag{3-5}$$

　　需要注意的是,在进行局部黏结应力计算的过程中,需要用弹性模量(E)和压应变(ε_a 与 ε_b),而上述的参数需要通过试验来获取。由于试验的过程中,容易受到试验仪器与操作的影响,因此本次研究所获取的局部黏结应力只用来分析本次试验的黏结应力分布。局部黏结应力与平均黏结应力的关系在图 3-15(b)中进行了对比分析。

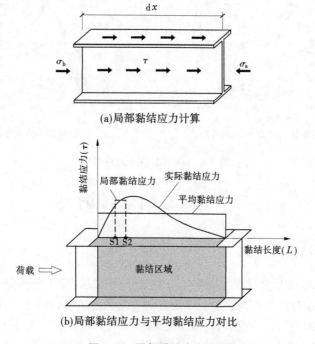

(a)局部黏结应力计算

(b)局部黏结应力与平均黏结应力对比

图 3-15　局部黏结应力示意图

　　试件 A 和试件 B 在翼缘和腹板处的黏结应力分布如图 3-16 所示。通过对比可以发现,翼缘和腹板整体黏结应力分布不均匀。在试验初期,荷载较小,黏结应力主要分布在加载端附近,末端附近黏结应力较小。加载端的荷载主要由该部分的黏结应力进行平衡;随着载荷的增加,末端附近的黏结应力逐渐增大,直至试件破坏。黏结应力的峰值只存在于试件的上半部分,末端的黏结应力总体较小。

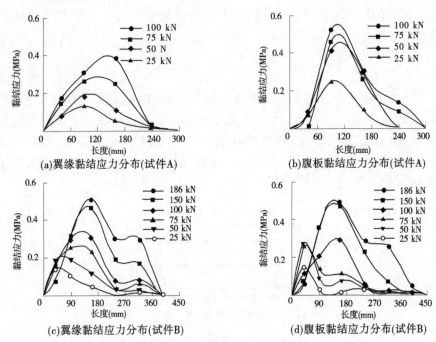

图 3-16　典型黏结应力分布

3.8　试验结果讨论

3.8.1　黏结破坏机制

　　根据上述 FRP 型材表面应变分布情况分析和黏结应力分布分析,图 3-17 分析了工字型材的具体滑移过程以及界面黏结区域的变化情况。在经典的黏结理论中,FRP 筋或者钢筋与混凝土之间黏结应力的传递主要受三个方面的影响:①混凝土所提供的化学黏结力;②由于 FRP 筋或者钢筋的表面粗糙,与混凝土之间所产生的摩擦力;③由于 FRP 筋或者钢筋表面经过处理带肋,表面与混凝土之间产生的机械咬合力。三种因素在滑移过程中并不是独立存在的,在不同的阶段中,均会产生不同程度的作用。由于 FRP 筋与 FRP 型材之间相似的材料属性,传统 FRP 筋与混凝土黏结的应力传递机制可借鉴用于分析混凝土与 FRP 工字型材之间的黏结性能。需要区别的是,由于工字型材表面光滑,因此本次研究忽略了机械咬合作用,只考虑化学黏结作用和界面之间的摩擦力。本书在分析滑移破坏的过程中,将工字型材与混凝土之间的黏结面总体划分为黏结区和滑移区两个部分。其中,黏结区域完整无滑移,该区域的黏结力与化学黏附力以及摩擦力均有关;在滑移区,界面处的相对滑移使化学黏结力降低或者消失,因此主要由摩擦力影响对应的界面性能。图 3-17 中的字母表示滑移破坏的不同阶段,其与图 3-12(b)中的字母具有相同的含义。

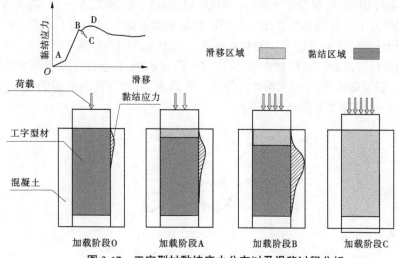

图 3-17　工字型材黏结应力分布以及滑移过程分析

　　黏结滑移过程在初始阶段(O—A)时,混凝土与工字型材之间的界面是完整的黏结区域,界面通过提供化学黏结力来抵消与平衡施加的外荷载;随后,随着荷载的增加,混凝土与工字型材之间的应变差异增大,两种材料变形差异导致界面处发生了相对滑移,因此滑移区域开始出现在试样的加载端;同时,会观察到 A 点处黏结应力—滑移曲线发生波动[见图 3-12(b)],这是因为滑移的出现导致了相对位移的产生。当黏结应力达到极限黏结应力(B 点)时,工字型材截面不再能够提供更大的黏结应力,黏结应力与外力不能平衡,原始黏结界面完全破坏。滑移区域随后扩展到整个界面(加载阶段 B—C),同时工字型材被推出(B 点)。

　　工字型材在 B 点的突然滑移,导致了试件原有的所有黏结面被完全破坏,形成了完整的滑移区域。由于滑移区域的表面比较粗糙,新的界面会提供更大的摩擦力来平衡所施加的载荷,所以出现了第二次平衡。因此,所施加的荷载从 C 点增加到 D 点时,虽然在 D 点观察到了滑移过程中的最大黏结应力,但由于 B 点处的界面已经完全损坏,D 点处黏结应力不能反映原始界面的黏结性能。随着滑移的增加,粗糙的界面再一次变得光滑,摩擦力逐渐减小。最后,荷载和摩擦力再次达到平衡状态,工字型材被平稳地推出,整个滑移试验过程结束。

3.8.2　箍筋、黏结长度及表面喷砂影响

通过对试验结果和破坏模式的对比分析,可以看出,在构件中使用箍筋并没有提高 FRP 型材与混凝土之间的有效黏结强度。如图 3-18 所示,箍筋的使用反而降低了构件的黏结强度。其原因可能是箍筋的应用影响了浇筑过程中对混凝土振捣,从而导致工字型材界面处与混凝土之间的接触不够密实,导致其黏结强度降低;另外,虽然在试件 AS、BS 和 BSS 中,箍筋没有改善界面的黏结强度,但箍筋的使用可以增加对混凝土的约束,试件在推出试验的过程中,裂缝的数量与宽度明显减少。

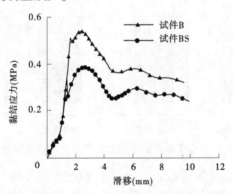

图 3-18　箍筋对黏结应力的影响

黏结长度对黏结强度的影响也在本次试验中进行了分析,试验设置了不同黏结长度的试块(见图 3-19)。试验结果表明,对于具有相同黏结长度的试件,即使其中一个试件中使用了箍筋,试验结果也呈现了相同的初始刚度(见图 3-18);而对于不同黏结长度的试件,当黏结长度越长时,试件的极限黏结应力越大。例如,由于黏结长度的增加,极限黏结应力从试件 A 的 0.46 MPa 增加到了试样 B 的 0.51 MPa。

已有研究表明,黏结面的粗糙程度对于界面的黏结性能影响较大。由于

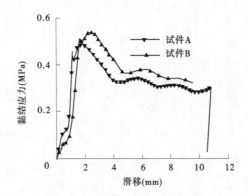

图 3-19　黏结长度对黏结应力的影响

FRP 型材较为光滑,其与混凝土之间黏结性能较差,为了提高其表面的粗糙程度,在试件 BSS 的型材表面上进行了喷砂处理,以研究粗糙界面对黏结性能的影响。然而,由于缺少足够的试件设计参考,该试件型材表面的黏结应力较大,导致试件并未能顺利推出,工字型材在加载端被压坏,无法推出,因此未能获得喷砂情况下型材黏结强度的影响程度。虽然试件 BSS 试件未能获得准确的极限黏结应力,但破坏时试件 BSS 的黏结应力已超过 1.3 MPa,已经是未进行喷砂处理的工字型材的极限黏结应力的 2 倍多。因此,试验表明使用喷砂处理可以显著提高黏结强度,为了准确研究喷砂作用对黏结应力的影响,需要更多的试验数据支撑。

3.8.3　理论模型

　　本次研究对 FRP 型材与混凝土之间的黏结滑移本构关系进行了研究,并提出了对应的计算模型。本次重点研究了黏结应力—滑移曲线的初始上升阶段,也就是书中所指的 O—B 阶段。之所以选择该段进行研究,主要原因如下:①FRP 型材在 B 点已经被推出(如图 3-12 所示),因此阶段 O—B 能够准确反映试件原始界面的黏结行为;②B 点到 C 点下降阶段具有一定的随机性,很难预测;③B 点以后的阶段,界面的黏结特征已经明显不同于原始界面,研究该阶段的黏结滑移本构关系意义不大。

　　由于 FRP 型材与 FRP 筋的材料性能与制造工艺相似,因此为了解 FRP 工字型材与混凝土的黏结性能,本次研究中参考了 FRP 筋与混凝土的黏结应力—滑移本构关系。FRP 筋与混凝土之间的黏结滑移关系研究较为完整,几种常见的黏结应力滑移本构模型已在表 3-3 中进行了总结。在这些模型中,

表 3-3 常用的 FRP 筋的黏结滑移本构关系

模型	上升段	下降段	曲线形状	参数
Malvar model	$\dfrac{\tau}{\tau_s}=\dfrac{F\left(\dfrac{s}{s_s}\right)+(G-1)\left(\dfrac{s}{s_s}\right)^2}{1+(F-2)\left(\dfrac{s}{s_s}\right)+G\left(\dfrac{s}{s_s}\right)^2}$; $\dfrac{\tau_s}{f_t}=A+B\left[1-\exp\left(-\dfrac{C\delta_r}{f_t}\right)\right]$; $s_s=D+E\delta_r$			$A,B,C,D,E,F,G=$经验参数 $\delta_r=$环向压力 $f_t=$混凝土抗拉强度
Eligehausen et al. model (BPE model)	$\tau=\tau_s\left(\dfrac{s}{s_s}\right)^\alpha$	$\tau=\tau_s-(\tau_s-\tau_f)\left(\dfrac{s-s_f}{s_r-s_f}\right)$; $\tau_r=\beta\tau_s$		$\alpha,\beta=$曲线拟合参数
BPE modified model	$\tau=\tau_s\left(\dfrac{s}{s_s}\right)^\alpha$	$\tau=\tau_s\left[1-p\left(\dfrac{s}{s_s}-1\right)\right]$; $\tau=\tau_s-(\tau_s-\tau_f)\left(\dfrac{s-s_f}{s_r-s_f}\right)$; $\tau_r=\beta\tau_s$		$\alpha,\beta,p=$曲线拟合特征参数
Zhang et al. model	$\tau=\tau_s\left[1-\left(\dfrac{s}{s_s}-1\right)^2\right]$	$\tau=\tau_s-(\tau_s-\tau_f)\left(\dfrac{s-s_f}{s_r-s_f}\right)$	同上	—
CMR model	$\tau=\tau_s\left[1-\exp\left(-\dfrac{s}{s_s}\right)\right]^\alpha$	—		$\alpha=$曲线拟合特征参数
Tighiouart et al.	$\tau=\tau_s[1-\exp(4s)]^{0.5}$	—	如上	—

Eligehausen 等提出的模型是最为经典的模型。该模型曾经被应用于钢筋与混凝土的黏结理论当中,然后由 Rossetti 等成功地应用于 FRP 筋与混凝土的黏结理论。按照该理论,可以根据极限黏结应力、极限滑移率和经验参数等有代表性的参数,将模型中的黏结应力—滑移曲线分为不同的分段函数。鉴于该方法的有效性,本次研究关于 FRP 型材与混凝土之间的黏结也使用了该基本理论进行分析。

　　结合本次试验的结果,通过使用曲线拟合得到了参考模型中的常数项 2.5,整体的黏结滑移关系曲线的上升段可以用如下公式表示:

$$\tau = \tau_s \left(\frac{S_p}{S_s}\right)^{2.5} \quad (0 < S \leqslant S_s) \tag{3-6}$$

式中,S_p 为试件在加载端的滑移;τ 为平均黏结应力;τ_s 为极限黏结应力;S_s 为极限滑移。理论模型与试验结果在图 3-20 中进行了对比,可以看出,所提出的本构模型与真实的试验结果的一致性较好,可以很好地反映 FRP 型材与混凝土之间的黏结滑移本构关系。

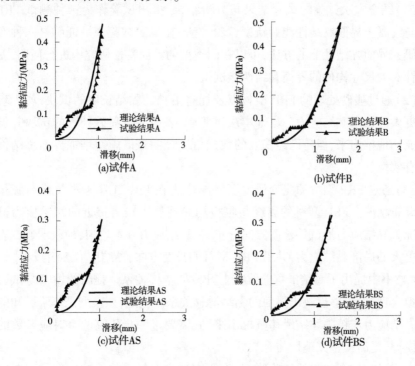

图 3-20　黏结应力—滑移曲线比较

　　不过,本书提出的模型仍具有一定的局限性,模型中要求给定的极限黏结应力和相应的加载端滑移。对于 FRP 筋,由于试验数据较大,已经根据众多试验结果提出了一些经验公式来获得这两个参数。然而,在本次研究中,试件数量不足以精确预测这两个参数。因此,更加准确的 FRP 型材混凝土黏结滑移本构模型需要更多的研究来确定极限黏结应力和相应的加载端位移。

3.9　本章小结

　　本章重点研究了 FRP 型材与混凝土之间黏结滑移本构关系。试验首次采用了推出试验的方式来研究 FRP 型材与混凝土之间的黏结性能,共开展了5 个不同试件的黏结滑移试验,涉及的参数主要有黏结长度、界面处理以及箍筋。结合推出试验结果提出了 FRP 型材与混凝土之间的黏结滑移本构关系。具体结论如下:

　　(1)结合本次试验的试验结果与分析结果,推出试验作为一种测试 FRP 型材与混凝土界面黏结性能的新型试验方法,在本次试验中被证明是一种有效的研究界面黏结性能的方法,可以在同类型的界面特性研究中进行使用,尤其是针对大尺寸构件的界面黏结性能试验。

　　(2)通过喷砂处理的 FRP 型材以及拥有更长的黏结长度的试块,均表现出了更大的极限黏结应力。尽管本次试验中,表面经过喷砂处理的试块并没有被成功地推出来,但是已经获取的数据可以证明该措施对增加界面黏结性能的有效性。

　　(3)通过 FRP 型材的应变研究了黏结应力在 FRP 工字型材翼缘与腹板中的分布状况。FRP 型材的翼缘与腹板均表现出了较为接近的黏结应力分布情况。黏结应力沿试件长度方向分布时,黏结应力并不均匀,加载端通常表现出更大的局部黏结应力,并沿 FRP 型材的长度方向,黏结应力逐渐减小。

　　(4)书中提出了黏结滑移曲线在上升段的本构关系。提出的模型与试验结果拟合良好,能够反映出界面的黏结滑移关系。但是,该模型是基于已知的极限黏结应力与极限黏结滑移所提出来的,需要进一步研究两个对应参数的预测模型,提高模型完整性与有效性。

　　本次研究作为初步的试验研究,为研究工字型材或其他拉挤型材与混凝土之间的黏结性能提供了试验方法和试件设计等方面的重要参考。试验方法方面,证明了推出试验研究黏结性能的有效性。试验理论方面,结合试验现象与应变分析,详细解释了界面黏结破坏机制与过程,提出了黏结滑移本构关系,并验证了其有效性。FRP 型材与混凝土黏结界面的研究为后续 FRP 型材混凝土组合结构的研究提供了重要的设计参考。

第 4 章　FRP 工字型材钢筋混凝土组合梁受弯试验研究

4.1　简　介

　　由本书中 FRP 型材在国内外应用中的现状分析可知,FRP 型材在组合梁中使用时,存在延性较差的问题,由于 FRP 型材与混凝土材料均为脆性材料,多数 FRP 型材组合梁破坏时会发生脆性破坏,严重影响结构的抗震性能。因此,通过合理的设计提高 FRP 型材组合构件的延性是 FRP 在工程中应用的重要工程问题与科学问题。通常情况下,将 FRP 材料与钢材一起用在组合结构中是一种被广泛接受的提高构件延性的方法。为优化 FRP 型材组合构件设计中遇到的延性较差的问题,本书中针对不同类型的 FRP 型材以及钢材进行了组合,通过梁构件的受弯试验,研究了各种类型组合构件的受弯破坏机制以及钢材对组合梁构件延性的改善作用,提出了重要的延性提高设计理念。

　　本章试验提出了一种新型的 FRP 工字型材钢筋混凝土组合梁,重点研究钢筋对 FRP 型材组合梁延性的影响。通过开展四点弯曲试验研究了 5 个不同配置梁试件的受弯性能,参考已有文献,本章试验研究的主要参数包括受拉筋的种类(热轧钢筋、FRP 筋)以及 FRP 工字型材的位置。本章从试件设计、试验设计、测试方法和监测方案等方面给予了清晰的阐述。结合试验结果,研究了组合梁中各个部分对梁受弯性能的影响,并重点对组合梁的延性进行了不同角度的计算分析。试验结果显示,所提出的 FRP 型材组合梁结构具有较高的强度和刚度,而且延性也由于钢筋的存在得到了不同程度的提高。组合梁中 FRP 型材的破坏导致了试件的最终破坏,而试件的屈服点则是由纵向受拉钢筋决定。

4.2　材料性能测试

　　本次研究所使用的材料主要包括混凝土、钢筋、GFRP 筋和 FRP 工字型材。本节详细介绍了各种材料性能的测试方法、测试设备、所选规范、试验操作以及

具体试验结果。主要测试内容包括 GFRP 筋的抗拉性能、钢筋的抗拉性能、FRP
工字型材在翼缘和腹板的抗拉性能和抗压性能以及混凝土的抗压强度。

4.2.1　混凝土

　　为保证试验材料的稳定性,排除试验室小规模制备混凝土造成了质量问
题,本次研究所使用的混凝土是从当地供应商处订购的商品混凝土,由混凝土
泵车直接送至试验室的浇筑现场进行浇筑。现场混凝土的坍落度为 120 mm,
名义抗压强度为 30 MPa。表 4-1 显示了所使用混凝土的配合比。强度测试
使用了规范 AS 1012.9-1999,所浇筑的试块为直径 100 mm、高度 200 mm 的
圆柱体。混凝土试块拆模后,浸入恒温、恒湿的养护箱中直到试验当天。混凝
土 7 d 抗压强度为 20.8 MPa,28 d 抗压强度为 31.8 MPa。表 4-2 显示了混凝
土圆柱体抗压强度的试验结果。

表 4-1　混凝土配合比

组分	数值(kg/m^3)
水泥	285
粉煤灰	100
粗骨料	1 135
粗砂	543
细砂	217
水	170

4.2.2　钢筋

　　本次试验所选用两种钢筋分别作为受拉纵筋与箍筋,纵筋为直径 16 mm
的热轧带肋钢筋,箍筋为直径 10 mm 的光面钢筋。测试所使用的规范为 AS
1391(2007),每种类型的钢筋选用了 3 个钢筋样品进行拉伸试验。每个样品
的总长度为 500 mm,夹持端之间的距离和标距长度分别为 340 mm 和 80 mm。
试验使用了 Instron 万能试验机进行试验,试验的具体操作如图 4-1 所示。

表 4-2　混凝土抗压强度

试样	养护时间 （d）	直径 （mm）	高度 （mm）	抗压荷载 （kN）	抗压强度 （MPa）	平均抗压强度 （MPa）
1	7	100	204	160	20.1	
2	7	100.5	200	162	20.6	20.8
3	7	100	202	172	21.9	
4	28	100	200	265	33.8	
5	28	100	200	238	30.3	31.8
6	28	100	201	247	31.5	
7	35[a]	102	200	270	34.4	
8	35[a]	100	203	240	33.5	32.5
9	35[a]	101	201	232	29.6	

(a) N16钢筋抗拉测试

(b) R10钢筋抗拉测试

图 4-1　钢筋测试结果

在试验过程中,用一个轴向伸长计测试试件的应力应变响应。随着荷载的增加,钢筋试样逐渐屈服,最后在试样中部观察到破裂。N16 钢筋的抗拉强度平均值为 584 MPa,弹性模量为 199.2 GPa;R10 钢筋的抗拉强度平均值为 483 MPa,弹性模量为 192.5 GPa。所有试验结果见表 4-3,图 4-2 给出了两种钢筋的应力—应变关系。所使用的两种钢筋基本达到了试验设计所要求的强度。

表 4-3　钢筋的测试结果

钢筋	参数	试样 1	试样 2	试样 3	平均值
N16	屈服荷载（kN）	118	117	117	117
	屈服强度(MPa)	585	584	584	584
	极限强度(MPa)	676	676	676	676
	屈服应变(%)	0.35	0.34	0.34	0.34
	弹性模量(GPa)	199.5	198.6	199.5	199.2
R10	屈服荷载(kN)	23	24	24	31.4
	屈服强度(MPa)	301	305	310	309
	极限强度(MPa)	480	484	484	483
	屈服应变(%)	0.36	0.34	0.38	0.36
	弹性模量(GPa)	195.7	185.4	196.4	192.5

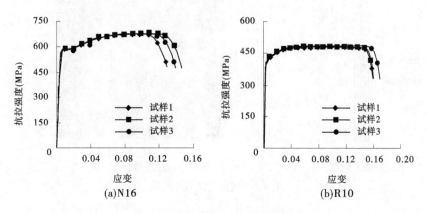

图 4-2　钢筋受拉应力与应变关系

4.2.3　GFRP 筋

　　所使用的 GFRP 筋是表面光滑、标称直径为 12 mm 的 GFRP 筋,由澳大利亚 Treadwell Group Company 公司提供。由于 GFRP 筋表面光滑,应力计算采用了名义截面积。光面 FRP 筋不利于与混凝土之间的黏结,为了提高混凝土与 GFRP 筋之间的黏结强度,在试验室中人工将粗砂使用环氧树脂涂在玻璃纤维筋表面,以增强其黏结性能。通常情况下 GFRP 筋的表面处理不会影响到筋材本身的力学性能。拉伸强度试验按照 ASTM D7205/D7205M 进行,试样长度为 1 300 mm。采用两根钢管作为锚固件,在 GFRP 筋的两端用膨胀水泥进行固定,如图 4-3 所示。钢管长度为 400 mm,外径为 40 mm,内径为 30 mm。在试验过程中,在 GFRP 筋上包裹了一层塑料薄膜,以消除其在破坏荷载下可能发生的爆裂,避免对测试人员造成伤害。试验共测试了 5 个 GFRP 筋试件,测得其平均抗拉强度和弹性模量分别为 503 MPa 和 25.6 GPa。GFRP 筋的力学性能比构件设计所需要的强度略低。

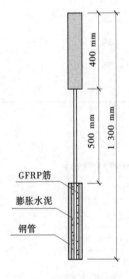

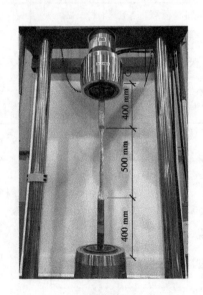

(a)测试示意图　　　　　　　　　　(b)试验装置

图 4-3　抗拉测试 GFRP 筋

4.2.4　GFRP 工字型材

　　本研究中使用的工字型材(200 mm×100 mm×10 mm/高×宽×厚),采用拉挤工艺制造。工字型材的材料性能试验主要包括测定翼缘和腹板的抗压和抗拉性能。对于 FRP 拉挤型材,由于材料本身工艺的限制,大多数纤维通常上分布在型材的纵向,因此本书中的材料试验重点关注了 FRP 型材纵向的材料性能。用于材料试验的试件从工字型材的翼缘和腹板中提取,具体尺寸如图 4-4 和图 4-5 所示。

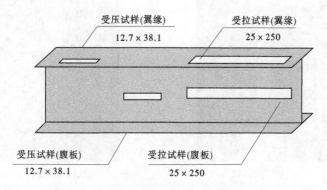

图 4-4 工字型材的尺寸 (单位:mm)

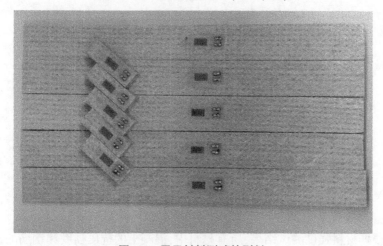

图 4-5 用于材料测试的型材

FRP 型材的抗压试验采用了规范 ASTM D695,试样的尺寸为 12.7 mm×38.1 mm。试件的拉伸试验采用了 ISO 527,试样的标称尺寸为 25 mm×250 mm,共有 20 个试件用于工字型材的材料试验。其中,10 个试样(5 个来自腹板,5 个来自翼缘)用于抗压试验,以确定其平均抗压强度;另外 10 个试样(5 个来自腹板,5 个来自翼缘)用于测定其平均抗拉强度。在每个试件上使用了应变片来研究材料的应力—应变关系。图 4-6 显示了型材材料特性的试验装置,并在图 4-7 给出了典型的应力—应变曲线。所有试验的结果汇总于表 4-4 中。FRP 型材的材料基本力学性能达到了试验设计的要求。

 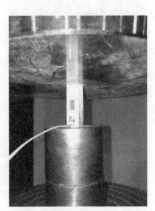

(a)抗拉测试　　　　　　　　　　　(b)抗压测试

图 4-6　工字型材材料测试

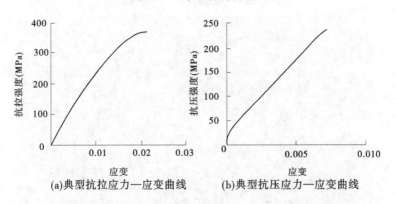

(a)典型抗拉应力—应变曲线　　　　(b)典型抗压应力—应变曲线

图 4-7　工字型材材料测试应力—应变曲线

　　根据材料强度测试结果,所有材料中,混凝土的抗压强度和钢筋的抗拉强度符合本次试验的要求。GFRP 筋的抗拉强度为 503 MPa,弹性模量为 25.6 GPa,仅为普通 GFRP 筋强度的一半左右。由于 GFRP 筋强度较低,对组合梁试件的设计进行了调整,加大了 GFRP 筋的配筋率,以达到所要求的设计强度。对于 GFRP 工字型材,翼缘和腹板表现出相似的抗拉强度(和刚度)和抗压强度(和刚度)。材料试验为试件的设计和试验结果的分析提供了重要的参考。

表 4-4　工字型材的抗拉性能与抗压性能

位置	试样尺寸(mm×mm)	力学性能	平均值
翼缘	25×250	抗拉强度(MPa)	381.5 ± 8.1
		抗拉弹性模量(GPa)	38.5 ± 4.2
	12.7×37.1	抗压强度(MPa)	214.2± 17.4
		抗压弹性模量 (GPa)	26.9 ± 1.5
腹板	25×250	抗拉强度(MPa)	353 ± 30
		抗拉弹性模量(GPa)	32.88 ± 1.8
	12.7×37.1	抗压强度(MPa)	233.8 ± 18.4
		抗压弹性模量 (GPa)	30.2 ± 8.5

4.3　试件设计

　　组合梁设计如图 4-8 所示,总体结构形式类似于传统的钢骨混凝土梁。组合梁的主要组成部分包括内部的 FRP 工字型材,外部的受拉钢筋、箍筋以及混凝土。其中,混凝土中的 FRP 工字型材主要用于提高梁构件的抗弯强度和抗腐蚀性能;同时,将工字型材用在梁构件的内部,可以提高工字型材的稳定性,避免在传统组合梁试件在受弯时腹板处过早发生屈曲破坏,提高材料利用率;通常 FRP 型材对高温比较敏感,将型材放在混凝土的内部可以提高 FRP 型材的抗火性能;该组合梁中使用了受拉钢筋,旨在提高 FRP 型材组合梁的初始抗弯刚度和延性;箍筋在组合梁中主要用于提高梁试件的抗剪性能,避免试件由于抗剪强度不足发生剪切破坏。

图 4-8　新型组合梁示意图

4.4　试验设计

在本次试验中,共浇筑并测试了 5 根梁试件,所有试件配置和横截面结构如表 4-5 和图 4-9 所示。所有梁试件的总长度为 2 040 mm,横截面均为 200 mm×350 mm,试验涉及的主要参数包括纵向受拉钢筋的种类(钢筋与 GFRP 筋)、工字型材的位置以及配筋率。本研究中使用的试件名字代表了抗拉钢筋的类型和工字型材在梁横截面中的不同位置。名字中的第一个字母(S/F)表示试样中使用的纵向受拉筋的种类,S 代表钢筋,F 代表 GFRP 筋;后面的数字代表梁试件的配筋率,以百分比表示,试件中包含 0.57% 与 0.46% 两种配筋率,由于 FRP 型材通常强度比较高,所以无论 GFRP 筋或者钢筋,总体配筋率均比较小;最后一个字母 M/B 表示工字型材在横截面中的位置,其中,M 表示型材位于梁横截面的中间,B 表示型材位于横截面的底部。例如,试件 S0.57B 表示该试件所使用配筋率为 0.57%,所使用的筋材种类为钢筋,且 FRP 工字型材的位置位于梁试件的底部。

将试件整体分为三组,参照组、S 组和 F 组。第一组为参照组,包括是一根传统的钢筋混凝土梁。该组合梁在底部配置了 4 根直径为 16 mm 的抗拉钢筋,设计为一个适筋梁,以确保梁试件在受弯过程中发生受弯破坏,而非受剪破坏。

S 组包含两个组合梁试件,即试件 S0.57M 和试件 S0.57B。试件 S0.57M 使用了工字型材进行增强加固,型材放置在梁横截面的正中间,同时使用了两根纵向受拉钢筋,已确保梁构件的初始抗弯刚度以及延性[见图 4-9(b)]。已有研究表明,受拉材料在横截面中的位置会影响梁试件的抗弯承载力,为了研究 FRP 工字型材在截面中不同位置对抗弯性能的影响,将试件 S0.57B 中的工字型材从横截面的中间向底部转移了 30 mm。除工字型材的不同位置外,试件 S0.57B 中的其他配置与试样 S0.57M 中的配置完全相同,包括箍筋配筋率、纵向钢筋配筋率以及混凝土强度等参数。

为了研究受拉筋种类对组合梁构件延性的影响,将 S 组的两根受拉钢筋替换为 F 组的 3 根直径为 12 mm 的 GFRP 纵筋,3 根 GFRP 筋的整体抗拉强度与受拉钢筋基本相当。因此,F 组试件中所有的受拉筋均为 GFRP 筋。如图 4-9(d)所示,梁试件 F0.46M 使用了 FRP 工字型材和 GFRP 纵向受拉筋同时加固,而在试件 F0.46B 中,FRP 工字型材在横截面中的位置由试件横截面的中心向下移动了 30 mm。

表 4-5　梁试件的参数变化

| 组别 | 试件 | 受压筋 | | | 受拉筋 | | | 箍筋 | | | FRP 型材 | 位置 |
		材料	直径 (mm)	数量	材料	直径 (mm)	数量	材料	直径 (mm)	间距 (mm)ᵃ	(mm×mm×mm)	(mm)
参照组	RC	钢筋	10	2	钢筋	16	4	钢材	10	60/80	—	—
S 组	S0.57M	钢筋	10	2	钢筋	16	2	钢材	10	60/80	200×100×10	中心
	S0.57B	钢筋	10	2	钢筋	16	2	钢材	10	60/80	200×100×10	中心向下 30 mm
F 组	F0.46M	钢筋	10	2	GFRP	12	3	钢材	10	60/80	200×100×10	中心
	F0.46B	钢筋	10	2	GFRP	12	3	钢材	10	60/80	200×100×10	中心向下 30 mm

注："受剪区域箍筋间距为 60 mm；受弯区域箍筋间距为 80 mm。

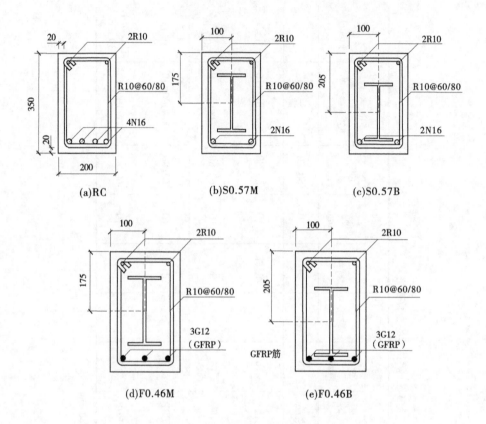

图 4-9　梁试件截面　（单位:mm）

　　每根组合梁试件均采用了 135°弯钩的箍筋。为便于箍筋的安装,受压侧采用了两根钢筋作为箍筋的支架,受压纵筋主要用来固定箍筋,不用来考虑将其受压。受压侧的纵筋和箍筋直径均为 10 mm,抗拉强度为 250 MPa。箍筋在受剪区域中的间距为 60 mm,在纯弯曲区域的间距为 80 mm。箍筋的数量理论上在组合梁构件中使用时可以减少,因为 FRP 工字型材本身具有较高的抗弯强度与刚度,以及一定的抗剪能力。但是 FRP 型材钢筋组合梁设计缺少足够的参考数据,为避免 FRP 型材组合梁发生受剪破坏,本次所有构件所使用的箍筋数量并没有减少,以确保较高的抗剪强度。

4.5　试件制备

　　试件的制备过程主要包括绑扎钢筋笼以及浇筑混凝土。首先,用细钢丝将箍筋和纵筋绑在一起,制成 5 个钢筋笼。同时,在 FRP 型材的翼缘以及腹板处,沿纵向粘贴了应变片并连接好导线。之后,将 FRP 型材放置在绑扎好的钢筋笼的中间,为了确保 FRP 型材的准确位置以及混凝土浇筑时 FRP 型材不会发生移动,在 FRP 型材下翼缘端部插入了两根细钢筋,使 FRP 型材固定在混凝土梁的准确位置。如图 4-10(b)所示,之后,在将钢筋笼和工字型材移入模板时,在钢筋笼底部保留了 20 mm 的保护层。由于试件尺寸较大,无法在标准环境下对试件进行恒温恒湿养护,所有梁试件均在常温下进行养护。养护期间,使用湿麻布覆盖试件以防止水分散失,并每天给试样浇水,直至试验开始。

(a) 将工字梁固定在钢筋笼中　　　　　(b) 将钢筋笼固定在模板中

图 4-10　梁试件的浇筑

4.6　测试装置以及监测装置

如图 4-11 所示,采用四点弯曲试验方案开展梁试件的受弯试验。每个梁试件的净跨为 1 740 mm,剪跨长度为 670 mm,纯弯区长度为 400 mm。对于每个试样,在梁的下部均匀放置了 5 个位移计(1~5),监测不同位置梁试件的挠度变化。由于组合梁可能发生脆性破坏,突然破坏有可能造成位移计的损坏。经过初步的估算,组合梁试件的极限荷载约为 400 kN,因此试验开展时,当荷载达到 200 kN(约为预期极限荷载的 50%)时,跨中的 4 个线性位移计[见图 4-12(a)]被移除,以确保位移计的安全。为准确获取梁跨中在整个测试过程中完整的试验数据,对梁试件跨中的位移计进行了保留。该位移计采用了新型的线性位移计,其中一端使用钢丝绳固定在梁跨中底部,根据钢丝绳长度的变化测量梁跨中挠度。同时,制作了一个保护盒,以保护该位移计不受掉落混凝土块以及梁试件的影响,具体如图 4-12(b)所示。

为了监测组合梁试件中各个部分应变的变化情况,在纵筋和工字型材上

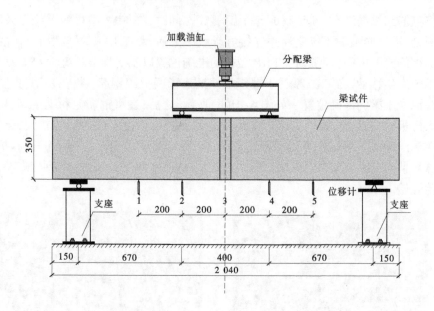

图 4-11　梁试件测试装置　（单位：mm）

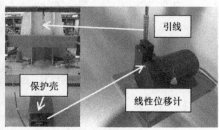

(a) 剪跨区域的位移计　　　　　　(b) 跨中位移计

图 4-12　安装位移计

安装了一系列应变片。对于普通的钢筋混凝土梁，共有 4 个应变计分别连接在 4 个纵向钢筋的跨中[见图 4-13(a)]，两个受压钢筋的应变片安装在钢筋的上侧，两个受拉钢筋的应变片安装在受拉筋的下侧。对于使用了工字型材的组合梁，每个梁试件共安装了 10 个应变片，具体位置如图 4-13(b)所示，所有应变片均沿纵向进行放置。

　　试验加载过程中使用 1 000 kN 的万能试验机施加位移控制荷载。加载速率为 1 mm/min。对于普通的钢筋混凝土梁，钢筋屈服后继续加载，当所加荷载降至极限荷载的 80%时，停止钢筋混凝土梁的加载试验；对于组合梁试

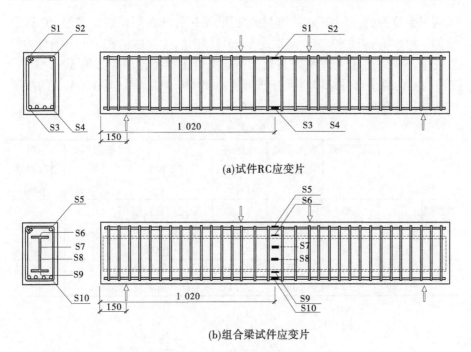

(a)试件RC应变片

(b)组合梁试件应变片

图 4-13　应变片布置　（单位：mm）

件,加载过程中一旦受拉钢筋或 GFRP 筋断裂,荷载发生迅速下降时,则认为
试件已经破坏,随即停止试验。

4.7　试验结果分析

表 4-6 详细总结了本次试验的结果,其中包括屈服荷载(P_y)、极限荷载
(P_u)、破坏模式和极限弯矩(M_u)。由于 F 组(F0.46M 和 F0.46B)的组合梁
试件破坏时呈现了脆性破坏模式,因而无法观察到屈服荷载,所以只在试件
RC 和 S 组的组合梁试件(S0.57M 和 S0.57B)中获得屈服荷载的数据。结合
试验现象与试验数据,以下章节将讨论组合梁试件的抗弯刚度、破坏模式、裂
缝发展情况、工字型材与混凝土之间发生的相对滑移以及构件的延性研究。

4.7.1　荷载—跨中挠度曲线

试件的荷载—跨中挠度曲线如图 4-14 所示。首先对 S 组中的试件开展
了分析,对于 S 组中的组合梁,尽管试件总体上比普通的钢筋混凝土组合梁少

了两根受拉钢筋,但由于工字型材的使用,梁试件的极限荷载比普通 RC 试件增加了约 8%;试件 S0.57B 与试件 S0.57M 相比,主要区别在于工字型材的位置发生了变化,其极限荷载与普通的钢筋混凝土梁相比增加了约 5%。但是,F 组当中的两个试件总体强度降低明显,试件 F0.46M 和试件 F0.46B 的极限载荷均低于普通的钢筋混凝土梁试件。

表 4-6　受弯试验结果

分组	试件	屈服荷载 P_y (kN)	极限荷载 P_u (kN)	极限跨中挠度 Δ(mm)	破坏模式	极限弯矩 M_u (kN·m)	型材极限滑移 (mm)
参照组	RC	380	380	12.2	受拉钢筋屈服	127.3	—
S 组	S0.57M	313	413	36.6	受拉钢筋断裂	138.4	10
	S0.57B	314	400	32.1	受拉钢筋断裂	134	9
F 组	F0.46M	—	357	22.9	GFRP 筋断裂	119.6	75
	F0.46B	—	339	24.1	GFRP 筋断裂	113.6	80

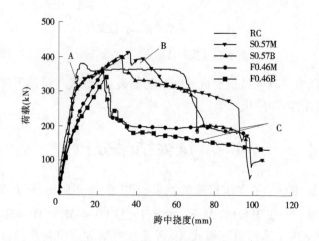

图 4-14　荷载—跨中挠度曲线

S 组的两个组合梁(试件 S0.57M 和试件 S0.57B)表现了相似的荷载—跨中挠度曲线。两条曲线在试验过程中均出现了明显的屈服点。本次研究为方便曲线分析,做了如下规定,对于 S 组,屈服点 A 之前的阶段称为阶段 O—A,屈服点 A 与极限荷载点 B 之间的曲线定义为阶段 A—B(见图 4-14)。在 O—A 阶段,两条曲线具有相似的抗弯刚度,荷载几乎保持相同速率增长,在两个试件屈服时,其荷载增加到约 300 kN。之后,两条曲线 A—B 阶段保持着相似的速率继续增大,直到达到极限荷载,两者的极限荷载不同。试件 S0.57M 的极限荷载为 413 kN,试件 S0.57B 的极限荷载为 400 kN,在极限荷载获取时,两个试件均发生破坏,荷载之后开始逐渐减小。最后,两个试件的曲线出现两次突然下降,这是由于两根受拉钢筋的连续断裂引起的,两根受拉钢筋断裂后,试验终止。

在 F 组中,两个试件的荷载—跨中挠度曲线也呈现出相似的发展趋势。加载最初,两条曲线几乎呈线性增长达到极限荷载。试件 F0.46M 的极限荷载为 357 kN,试件 F0.46B 的极限荷载为 339 kN。随后,试件发生脆性破坏,荷载突然下降,试件的突然破坏是由于 FRP 筋发生断裂引起的。试件破坏时伴随有玻璃纤维筋断裂而产生的明显的爆裂声。最后,尽管梁试件发生了明显的破坏,两个梁试件仍能承受一定的稳定荷载,这是由于 FRP 型材保持了较高的残余强度,维持了试件的抗弯能力。试验终止时,F 组的两个组合梁试件中,工字型材与混凝土之间发生了较大滑移。

4.7.2　破坏模式

图 4-15 中显示了所有试件的破坏模式。试件均在纯弯区域发生了破坏,受剪区域保持完整,因此试件破坏模式总体上属于受弯破坏。钢筋混凝土试件[见图 4-15(a)]显示出了传统钢筋混凝土适筋梁的破坏模式。试件随着荷载的增加,受拉钢筋首先达到屈服强度,荷载不再增加,进入屈服阶段。随后,受压区的混凝土被压碎,试件长时间保持在屈服状态,试件的受剪区域未发生明显的破坏。

试样 S0.57M[见图 4-15(b)]呈现了与普通钢筋混凝土梁不一样的破坏模式,在试验的初始阶段,随着荷载的增加,纯弯曲区域逐渐出现细微裂纹。荷载的进一步增加导致梁试件的挠度进一步增大,在跨中产生了一个显著的裂缝,该裂缝随后贯穿了整个横截面。之后,受压侧的混凝土开始出现压碎迹象。很快,随着一声巨响,FRP 工字型材达到了极限抗压强度而发生破坏,最终导致了梁试件的破坏。梁试件破坏时,并未完全断开,试件保持了一定的残余强度。持续增大跨中挠度,最后两根受拉钢筋陆续达到了极限应变,在两声巨响中断裂,试件完成加载。试件 S0.57B[见图 4-15(c)]表现出与试件 S0.57M 相似的破坏模式,但裂纹发展得更快更广。同样,最后阶段,受拉钢筋断裂,受压区混凝土破碎。

F 组的两个试件(F0.46M 和 F0.46B)全部由 FRP 材料进行增强加固。随着荷载与挠度的增加,在其中一个加载点下出现了一个明显的裂缝,然后裂

(a) RC

(b) S0.57M

(c) S0.57B

(d) F0.46M

(e) F0.46B

图 4-15　梁试件破坏模式

缝宽度迅速增加。之后,随着挠度的继续增大,GFRP 纵筋在加载点的裂缝处达到极限拉应变,突然发生断裂,整个试件随即失去了承载能力,荷载开始下降。GFRP 纵筋的断裂是由于加载点处的应力集中问题所致。最后,梁试件因 GFRP 筋断裂而失效。试验结束时,受压侧的混凝土未见明显压碎,受剪区域的混凝土也未见明显裂缝。

　　为了确定所提出的 FRP 型材组合梁准确的破坏模式,将试件中 FRP 型材的应变—跨中挠度曲线和对应的荷载—跨中挠度曲线进行了对比,如图 4-16 所示。对于试样 S0.57M,分析了上翼缘(S6)的受压应变、下翼缘(S9)的受拉应变和受拉钢筋(S10)的受拉应变,以研究其破坏模式。图 4-16(a)中的 A 点,可以清楚地看到,受拉钢筋由于拉伸应变达到了其屈服应变而发生了屈服,而此时,工字型材的应变则继续稳定增加。从荷载挠度曲线可以观察

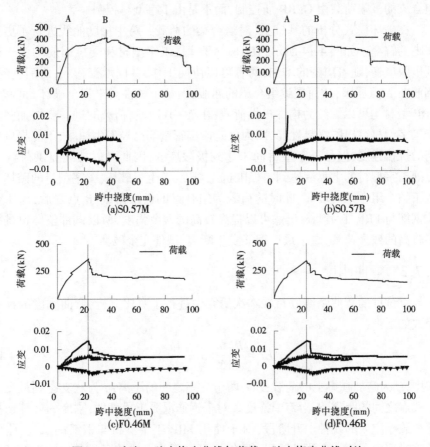

图 4-16　应变—跨中挠度曲线与荷载—跨中挠度曲线对比

到,梁试件屈服与受拉钢筋屈服同时发生,因此可以得出结论,受拉钢筋控制了组合梁的屈服点。之后,在 B 点处观察到了试件的极限荷载,同时工字型材的翼缘发生了破坏。因此,试件 S0.57M 的极限荷载由工字型材所控制。如图 4-16(b)所示,试件 S0.57B 也显示了类似的破坏模式,分别由受拉钢筋控制组合梁的屈服荷载,由工字型材控制组合梁的极限荷载,该结论对于建立组合梁的正截面受弯计算模型非常重要。

F 组中的两个试样破坏模式的分析如图 4-16(c)和图 4-16(d)所示。可以看到,GFRP 筋达到极限强度发生断裂时,工字型材应变保持了稳定的应变增长。工字型材的破坏晚于 GFRP 筋的破坏,但是试件的破坏与 GFRP 筋同时发生(C 点)。随后,由于梁试件破坏时的大变形,导致工字型材截面发生破坏,工字型材的上翼缘和下翼缘无法达到极限抗压或抗拉强度。因此,F 组组合梁的极限荷载由 GFRP 筋控制,而不是由工字型材控制。

在破坏模式分析的基础上,对组合梁的荷载—跨中挠度曲线进行了更为清晰的解释。如图 4-14 所示,在 O—A 阶段,工字型材和受拉钢筋均为未达到极限应变,随着应变的增加,两者可以协同工作,共同承受荷载;之后,受拉钢筋在 A 点屈服,从而导致组合梁的屈服,但整个试件尚未完全破坏,钢筋与 FRP 型材均可以继续为构件提供荷载;在 A—B 阶段,荷载的进一步增加归因于工字型材突出的材料性能,因为该阶段尽管钢筋已经发生屈服,不能提供更高的抗拉强度,但是工字型材尚未达到极限应变,因此可以持续提供荷载;B 点处工字型材的上翼缘达到了极限抗压强度,发生了破坏,工字型材的破坏导致了整个组合梁的破坏,此时的荷载为组合梁的极限荷载;B 点之后,由于受拉钢筋与 FRP 工字型材仍然可以提高较高的残余强度,所以试件整体也维持了较高的残余荷载,直至最后钢筋发生断裂,试件完全破坏。

4.7.3　弯曲刚度

梁试件的弯曲刚度(EI)在本次研究中进行了对比分析,弯曲刚度的计算公式如下:

$$EI = \frac{PL^2 a}{48\Delta}\left(3 - \frac{4a^2}{L^2}\right) \tag{4-1}$$

式中,P 为施加在梁上的荷载;L 为两个支座之间的距离;a 为从支座到最近的加载点之间的距离;Δ 为跨中挠度。对于钢筋混凝土梁试件,刚度的计算选择了荷载稳定后的线性上升阶段;对于使用 FRP 工字型材与钢筋的试件,刚度计算时选取了第一个线性阶段,即 O—A 段,因为 A 点之后试件中的钢筋已经发生了屈服,不能代表试件原始的刚度大小;对于使用 FRP 工字型材和 GFRP 筋加固的试件,刚度的计算选取了线性上升的阶段。为了避免试验初期由于试件安装出现的测试数据偏差,所有试件选取了挠度达到 5 mm 后的阶段的数据参与抗弯刚度的计算。

　　如表4-7 所示的梁试件的刚度计算结果表明,试件 RC 与 S 组中两个试件之间的弯曲刚度差异较小。因此,与普通的钢筋混凝土梁相比,工字型材的使用可以弥补钢筋缺失造成的刚度损失,组合梁试件总体上表现出了较高的抗弯强度。但 F 组试件的抗弯刚度仅为 S 组试件的 50%,S 组和 F 组试件的抗弯刚度比较表明,使用纯 FRP 材料加固结构时,由于 FRP 材料弹性模量较小,组合构件整体上刚度偏低,甚至低于普通的钢筋混凝土梁构件,不能完全满足工程中构件的刚度要求。使用 FRP 材料和钢筋一起为结构提供增强加固作用时,结构的整体刚度由于钢筋的使用可以得到有效的保证。

表 4-7　试件抗弯刚度计算结果

类型	RC	S0. 57M	S0. 57B	F0. 46M	F0. 46B
$P(\mathrm{kN})$	380	313	314	357	339
$L(\mathrm{mm})$	1 740	1 740	1 740	1 740	1 740
$a(\mathrm{mm})$	670	670	670	670	670
$\Delta(\mathrm{mm})$	12. 2	10. 8	10. 2	22. 9	24. 1
$EI\ (\times 10^{12})$ $(\mathrm{N\cdot mm^2})$	3. 2	3. 0	3. 1	1. 6	1. 4

4.7.4　延性分析

　　提高组合梁构件的延性是本次组合梁设计的主要目的之一。FRP 型材与混凝土所组成的结构,由于 FRP 材料和混凝土材料均为线性材料,构件延性较差,因此本次组合梁设计使用 FRP 型材与钢筋进行组合,协同工作,利用钢筋的延性弥补组合梁延性的缺失。本次延性分析采用了能量延性的分析方法。该方法由 Naaman and Jeong 等提出来,主要用于计算屈服点不突出或者不确定的构件的延性。该理论已经被众多研究证实了其有效性。具体计算公式如下:

$$\mu_{\mathrm{E}} = \frac{1}{2}\left(\frac{E_{\mathrm{T}}}{E_{\mathrm{E}}} + 1\right) \tag{4-2}$$

式中,E_T 为总能量,由荷载与跨中挠度曲线和横轴所围成的面积所确定;E_E 为弹性能量,由荷载与跨中挠度曲线的弹性阶段和横轴围成的面积所确定。图 4-17 中的 P_f 为试件发生破坏时的荷载,本次研究中认为受拉钢筋或者 GFRP 筋断裂时的荷载为破坏荷载。通常情况下,弹性阶段的斜率 S 由 S_1 和 S_2 通过如下公式来确定:

$$S = \frac{P_1 S_1 + (P_2 - P_1) S_2}{P_2} \tag{4-3}$$

式中,S_1 和 S_2 是荷载与挠度曲线中的两个线性阶段的斜率; P_1 和 P_2 为两个线性阶段所对应的最后阶段的荷载。对于 F 组的两个试件,没有明显的两个阶段的区分,所以,取 $0.5P_u$ 作为两个斜率的分界点。

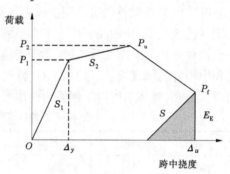

图 4-17　能量延性计算模型

表 4-8 显示了所有梁试件的延性计算结果。图 4-18 表明,与其他梁试件相比,S 组中所提出的组合梁具有更高的延性。例如,S0.57M 试件的延性几乎是普通钢筋混凝土试件的两倍。然而,F 组试件的延性很差,两个试件的延性都只有 1.2。由此可见,使用钢筋与 FRP 型材进行组合可以明显提高混合梁的延性。

表 4-8　能量延性计算

试件	斜率 S_1	斜率 S_2	斜率 S	总能量 E_T (kN·mm)	总能量 E_E (kN·mm)	能量延性 μ_E
RC	36	0	36	20 000	1 800	6.1
S0.57M	35.2	3.5	27.5	29 000	1 136	13.2
S0.57B	34.6	3.8	28	22 000	1 395	8.4
F0.46M	24.1	11.4	17.8	5 100	3 592	1.2
F0.46B	23.6	9.6	16.6	5 150	3 474	1.2

尽管能量延性的计算结果显示所提出的组合梁表现出了较高的延性,但是,计算结果与构件工程应用需求仍然存在一定的差距,能量延性计算存在如下问题:①组合梁构件挠度过大,进行延性评价时所考虑的挠度远远超过构件的正常使用变形,因此尽管理论延性较大,但与实际工程应用尚有出入;②构件受弯过程中表现出了脆性破坏模式,极大地影响构件整体的延性表现。因

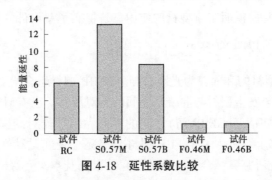

图 4-18　延性系数比较

此,如果在实际工程中应用组合梁结构,需要进一步对组合梁的设计进行调整,包括配筋率的调整以及型材本身设计的调整。

4.7.5　裂缝发展

图 4-19 给出了 5 个试件在极限荷载下的裂缝分布图。通过分析可以发现组合梁试件在 S 组和 F 组分别表现了两种不同的裂纹发展模式。S 组试件在纯弯曲区出现均匀分布细微裂纹,之后,随着荷载的增加,中间某条细微裂缝发展成为一个明显的主裂缝。F 组试件在纯弯段也有细微裂缝的分布,最后,在一个加载点下出现了明显的主裂缝,如图 4-19(d)和图 4-19(e)所示。总体上,S 组的裂缝分布较为均匀,而 F 组的裂缝分布则较为集中。

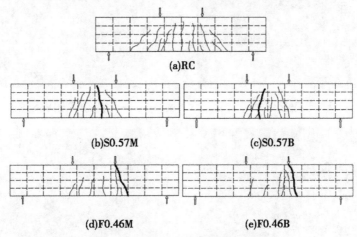

图 4-19　极限状态下裂缝分布状况

在裂缝数量方面,研究发现组合梁的裂缝数量比传统钢筋混凝土梁更少。在试验过程中,组合梁在纯弯区内仅出现少量的弯曲裂缝,而在受剪区域几乎没有出现剪切裂缝。由于所有组合梁试件具有相同的箍筋数量,组合梁中剪切区域裂缝的消失,说明工字型材的使用显著提高了梁构件的抗剪强度。

4.7.6　工字型材与混凝土之间的滑移

　　由于 FRP 型材的表面较为光滑,因此在 FRP 型材组合梁受弯构件发生弯曲变形时,通常会发生型材与混凝土之间的相对滑移。已有研究表明,混凝土与其增强材料(如钢筋、GFRP 筋)之间的界面黏结性能对结构的整体性能影响较大。在本书上一章中关于 FRP 型材与混凝土之间黏结性能的研究中也对此展开了系统研究。结合上一章的研究结果以及本次受弯试验中构件所发生的滑移,对受弯构件中 FRP 型材与混凝土之间相对滑移问题进行了分析,并对两者的最终相对滑移通过钢尺进行了测量。

　　受弯试验刚开始时,由于整个梁试件的挠度较小,FRP 型材与混凝土之间的滑移没有被明显观测到。然而,在极限载荷之后,S 组和 F 组试件之间观察到了两种不同的相对滑移模式。S 组的试件在试验过程中,型材与混凝土之间滑动缓慢增加,极限滑移约为 10 mm,如图 4-20(a)和图 4-20(b)所示。对于 F 组试样,在达到极限载荷之前,相对滑移缓慢增大。随后,在 GFRP 筋断裂后直至试验结束,型材滑移量不断增加, 且远大于钢筋所加固的组合梁,

(a)S0.57M

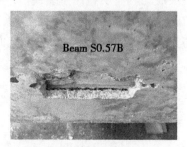
(b)S0.57B

(c)F0.46M

(d)F0.46B

图 4-20　组合梁滑移现象

即 S 组中试件的相对滑移,如图 4-20(c)和图 4-20(d)所示。根据 S 组和 F 组试件的比较,可以得出结论,使用抗拉钢筋可以有效地控制工字型材和混凝土之间的滑移发展。两组试件滑移差别较大的主要原因在于试件的刚度差别较大。对于 S 组中的试件,由于钢筋与 FRP 工字型材协同工作产生的刚度较大,因此整个梁试件的挠度发展较为缓慢,两者之间的相对滑移也发展较为缓慢;对于 GFRP 筋所增强的试件,由于 GFRP 筋的弹性模量较小,导致整个试件刚度较小,试件的挠度变形发展较快,所以 FRP 型材与混凝土之间的黏结滑移较为明显。

4.8　分析与讨论

4.8.1　钢筋在组合梁构件中的作用

通过对 S 组和 F 组组合梁的比较,可以看出 S 组的组合梁试件具有更好的延性和较高的极限荷载。在试验的不同阶段,受拉钢筋对组合梁的受弯性能具有重要意义。首先,由于钢材的弹性模量较高,在 O—A 阶段,受拉钢筋的存在使组合梁构件表现出了较高的抗弯刚度。在 A—B 阶段,尽管钢筋已经屈服,仍然与 FRP 型材维持构件较高的荷载承载力与刚度;在 B 点时,FRP型材已经失效,由于受拉钢筋的存在,避免了组合梁脆性破坏的发生,提高了构件的安全性能;而在工字型材破坏以后,钢筋较大的塑性应变维持了组合梁构件较高的残余强度与较大的残余变形。同时,钢筋与工字型材的协同工作,有助于充分利用 FRP 型材,提高了工字型材的材料利用率。

总体来讲,受拉钢筋在组合梁中可以充分保证工字型材的使用效率,但GFRP 筋的脆性破坏则限制了工字型材的性能。例如,试样 S0.57M 中底部翼缘的最大拉伸应变为 0.007 99,试样 S0.57B 中的最大拉伸应变为 0.007 94,约为翼缘极限拉伸应变(0.01)的 80%。然而,F 组工字型材下翼缘的最大拉伸应变则不超过极限应变的 70%,F0.46M 试件仅为 0.006 8,F0.46B 试件仅为 0.006 9。因此,与 GFRP 筋相比,钢筋与 FRP 工字型材可以更好地协同工作。

4.8.2　FRP 工字型材

4.8.2.1　工字型材受弯性能

根据以上分析结果,组合梁试件中所使用的工字型材为组合梁提供了较

高的抗剪强度和抗弯强度。通过对组合梁中裂缝发展的分析,发现组合梁中
只存在很少量的剪切裂缝,证实了工字型材对抗剪性能的改善。为评估 FRP
工字型材在梁试件受弯过程中所产生的贡献,底部翼缘所提供的拉力和钢筋
所提供的拉力在图 4-21 中进行了对比。图中浅色区域代表 FRP 型材下翼缘
产生的拉力,深色区域代表受拉钢筋所提供的拉力。根据试验结果,工字型材
的所有部分(腹板、上翼缘和下翼缘)都可以为组合梁提供抗弯强度,为简单
起见,本章研究仅分析了底部翼缘所提供的抗拉强度。

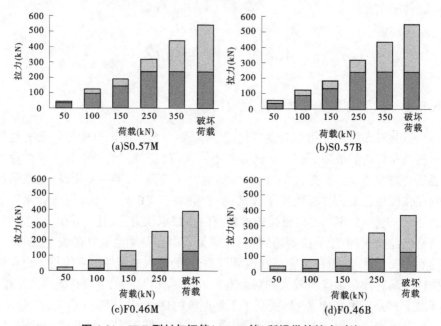

图 4-21　FRP 型材与钢筋(GFRP 筋)所提供的拉力对比

如图 4-21 所示,工字型材在屈服前后表现出了不同的受拉性能。在钢筋
屈服前,由于钢筋的弹性模量较大,钢筋的抗拉强度明显高于工字型材。底部
翼缘提供的拉力不超过 O—A 阶段中受拉钢筋所提供拉力的 30%。也就是
说,钢筋屈服以前,构件主要由钢筋提供抗拉强度;钢筋屈服后,钢筋的受拉应
力不再增加,工字型材由于较大的极限应变,开始承载更多的荷载。因此,在
A—B 阶段,翼缘的拉应力显著增加。当达到极限荷载时,翼缘提供的拉力实
际上已经超过了钢筋所提供的拉力,如图 4-21(a)所示。底部翼缘提供的较
大拉力证实了工字型材在组合梁受弯过程中提供了较高的抗弯强度。

F 组中的 FRP 型材与 S 组中的型材相比则呈现不同的受力过程。施加

荷载以后,下翼缘提供的拉力显著增加,且直接达到极限载荷。这是因为工字型材和 GFRP 筋具有相似的弹性模量,所以两个构件的应力增加速度相似。但由于翼缘横截面较大,底部翼缘的拉力大于 GFRP 筋所承受的拉力。例如,在 F 试件 0.46M 中,底部翼缘的横截面约为 GFRP 筋横截面的 3 倍,因此翼缘的拉力始终是 GFRP 筋的 3 倍左右。

因此,通过各部分所提供抗拉强度的比较,可以发现工字型材可以为梁试件提供较高的抗弯强度。特别是当工字型材和受拉钢筋同时使用时,两部分可以在不同阶段分别承受不同程度的荷载。然而,当使用工字型材和 GFRP 筋加固组合梁时,由于 GFRP 筋的脆性破坏,工字型材很快失效,导致试件破坏,FRP 型材的材料利用率较低。

4.8.2.2　工字型材翼缘

工字型材的上翼缘在组合梁中主要用于受压。图 4-22(a)显示了试件中组合梁上翼缘的压应变与跨中挠度曲线。在试验的最初阶段,压应变的稳定增加证实了 FRP 工字型材上翼缘与混凝土的协同工作,为梁试件提供稳定抗压强度。极限荷载作用后,工字形截面破坏,压缩应变几乎为零,说明上翼缘对抗弯强度不再有贡献。研究发现工字型材的极限压应变远大于普通钢筋混凝土的极限压应变,而部分混凝土保持完整并未被完全压碎,该现象说明了工字型材与混凝土之间不仅仅在受拉区域存在滑移,在受压区域也存在一定的滑移,导致了两者的极限应变差异很大。

与图 4-22(b)所示的上翼缘的受压应变曲线相比,底部翼缘表现出了不同的受力特性。试验的最初阶段,底部翼缘可以提供较高的拉伸强度,这一点通过线性增加的拉应变得到了证实。工字型材的最大拉伸应变和试件的极限荷载同时达到。之后,拉应变在极限拉应变处略有下降,在极限值附近略有波动。FRP 工字型材极限荷载后较大地参与拉伸应变表明,即使梁试件发生破坏,工字型材仍能提供较高的抗拉强度来维持梁试件的残余强度。较高的残余强度提高了构件的安全性,形成了一定的安全储备。

4.8.2.3　工字型材位置

在传统的钢筋混凝土受弯构件中,受拉筋的位置对梁的受弯性能较大。因此,在本次研究的组合梁构件中,工字型材作为主要的受拉构件,在截面中有两个不同的位置,分别为截面中心以及截面中心向下 30 mm。试验结果表明,S 组试件中,当工字型材在梁的横截面由中间向底部转移 30 mm 时,极限荷载下降 3%,而 F 组下降了约 5%。由于下降(3%和 5%)幅度较小,因此在本研究中,工字型材的截面位置影响基本可以忽略不计。然而,对于梁构件,

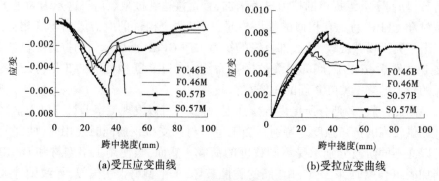

(a)受压应变曲线　　　　　　　　(b)受拉应变曲线

图 4-22　应变跨中挠度曲线

理论上当受拉材料更靠近受拉侧时,其承载能力应有所提高。本次研究出现了相反的结果,与传统的理论分析不符。造成该问题的原因可能有以下几点：①本次试验试件较少,不能排除试验结果的随机性,以及浇筑与试块制作时可能产生的影响；②FRP 工字型材在截面中的面积比较大、位置变动较小的前提下,对构件的受弯性能影响确实较小。有必要在以后的研究中开展更多分析,以研究工字型材不同位置对组合梁试件受弯性能的影响,提出准确的设计参考。

4.9　本章小结

本章开展 5 个组合梁试件的四点受弯试验,包括一个传统的钢筋混凝土梁试件和 4 个 FRP 工字型材加固的组合梁,所有试件具有相同的横截面以及尺寸。研究的具体参数包括工字型材的具体位置和受拉筋的种类(钢筋与 GFRP 筋)。分析了组合梁试件的破坏模式、荷载与跨中挠度曲线、刚度以及延性变化规律,同时,对组合梁构件中各部分在受弯过程中所产生的作用进行了具体分析。根据试验分析结果,可得出以下主要结论：

(1)与普通的钢筋混凝土梁相比,该组合梁在一定条件下表现出了更好的延性和更高的极限荷载。混凝土梁内部的工字型材可以提供较高的抗弯强度和抗剪强度,而受拉钢筋可以提高组合构件的延性,并确保组合梁的抗弯刚度。

(2)组合梁构件的屈服点由受拉钢筋控制,而极限荷载由工字型材控制,准确来讲,由工字型材受压翼缘的力学性能来控制。

(3)用 GFRP 筋代替钢筋后,组合梁的抗弯刚度和延性显著降低。

（4）在组合梁试件中，工字型材截面的底部翼缘比顶部翼缘的利用效率更高；此外，即达到极限荷载以后，底部翼缘也能提供较高的抗拉强度，而此时，上翼缘的影响几乎可以忽略不计。

（5）混凝土与工字型材之间发生滑移，在一定程度上降低了其承载能力。建议采取一些措施来提高界面的黏结阻力，例如在型材表面使用喷砂处理或使用机械连接件。

（6）在本书研究中，工字形截面的位置对组合梁试件的极限荷载影响不大。作为对该类组合梁的初步评估，需要考虑试验结果的随机性，并开展更多试验进一步评估工字型材不同位置对梁受弯性能的影响。

第 5 章　结论与展望

5.1　结　论

本书对 FRP 工字型材在组合结构中的应用展开了系统的研究,首先通过改造的直接剪切仪测定了混凝土与 FRP 型材之间的摩擦系数范围,为开展 FRP 型材与混凝土之间的数值模拟提供了必要的物理参数;之后,通过推出试验研究了 FRP 型材与混凝土材料之间的界面黏结特性,分析了各种因素对黏结面黏结应力大小与分布的影响,结合经典的黏结滑移模型,提出了 FRP 型材与混凝土之间的黏结滑移本构关系;在界面特性研究的基础上,开展了 FRP 工字型材–混凝土组合梁受弯性能研究,重点研究了 FRP 工字型材混凝土组合结构存在的延性设计问题。主要通过使用钢筋与 FRP 工字型材进行组合设计,以提高组合梁的延性响应。书中的主要结论如下所述。

5.1.1　FRP 型材与混凝土之间摩擦系数测定与理论分析

(1)书中所提出的直接剪切试验是一种非常有效的测试方法,能够准确测定界面的摩擦系数范围,同时,对于同类型材料摩擦系数的测定也具有重要参考意义。FRP 型材与混凝土之间摩擦系数在 0.5~0.6,两者之间的化学黏结强度约为 0.2 MPa。

(2)混凝土类型不同,其与 FRP 型材之间的摩擦系数也不相同。本次研究中,自密实混凝土与 FRP 型材的摩擦系数小于普通混凝土与 FRP 型材之间的黏结系数。

(3)不同的混凝土抗压强度以及 FRP 型材的不同部位,对摩擦系数的影响较小,主要原因是不同混凝土之间的表面特征差异较小,对黏结界面的摩擦性能以及黏结性能差异影响均较小。

5.1.2　FRP 型材与混凝土之间黏结滑移试验研究与理论分析

(1)结合本次试验的试验结果与分析结果,推出试验作为一种测试 FRP 型材与混凝土界面黏结性能的新型试验方法,在本次试验中被证明是一种有效的研究界面黏结性能的方法,可以在同类型的界面特性研究中进行使用,尤其是针对大尺寸构件的界面黏结性能试验。

(2)通过喷砂处理的 FRP 型材以及拥有更长的黏结长度的试块,均表现出了更大的极限黏结应力。尽管本次试验中,表面经过喷砂处理的试块并没有被成功地推出来,但是获取的数据可以证明该措施对增加界面黏结性能方面的有效性。

(3)通过 FRP 型材的应变研究了黏结应力在 FRP 工字型材翼缘与腹板中的分布状况。FRP 型材的翼缘与腹板均表现出了较为接近的黏结应力分布情况。黏结应力沿试件长度方向分布时,黏结应力并不均匀,加载端通常表现出更大的局部黏结应力,且沿 FRP 型材的长度方向,黏结应力逐渐减小。

(4)书中提出了黏结滑移曲线在上升段的本构关系。提出的模型与试验结果拟合良好,能够反映出界面的黏结滑移关系。但是,该模型是基于已知的极限黏结应力与极限黏结滑移所提出来的,需要进一步研究两个对应参数的预测模型,提高模型完整性与有效性。

5.1.3　FRP 工字型材-钢筋混凝土组合梁受弯性能与破坏机制研究

(1)与普通的钢筋混凝土梁相比,该组合梁在一定条件下表现了更好的延性和更高的极限荷载。混凝土梁内部的工字型材可以提供较高的抗弯强度和抗剪强度,而受拉钢筋可以提高组合构件的延性,并确保组合梁的抗弯刚度。

(2)组合梁构件的屈服点由受拉钢筋控制,而极限荷载由工字型材控制,准确来讲,由工字型材受压翼缘的力学性能来控制。

(3)用 GFRP 筋代替钢筋后,组合梁的抗弯刚度和延性显著降低。

(4)在组合梁试件中,工字型材截面的底部翼缘比顶部翼缘的利用效率更高;此外,即达到极限荷载以后,底部翼缘也能提供较高的抗拉强度,而此时,上翼缘的影响几乎可以忽略不计。

(5)混凝土与工字型材之间发生滑移,在一定程度上降低了其承载能力。建议采取一些措施来提高界面的黏结阻力,例如在型材表面使用喷砂处理或使用机械连接件。

(6)在本书研究中,工字形截面的位置对组合梁试件的极限荷载影响不大。作为对该类组合梁的初步评估,需要考虑试验结果的随机性,并开展更多试验进一步评估工字型材不同位置对梁受弯性能的影响。

5.2　展　望

5.2.1　FRP 型材材料性能提升与改进

FRP 型材与传统建筑材料相比具有轻质、高强、耐腐蚀等突出的优点,为提高结构耐久性以及新型结构设计提供更多可行的设计方案。但是,FRP 型材也有自身材料特点的局限性,材料本身也存在一些缺陷需要解决,主要集中在以下几个方面。

(1)FRP 材料成本较高。

材料成本是工程建设中最重要的问题,FPR 材料尽管有突出的力学性能,但是,由于各种原因,FRP 材料的成本仍然远高于普通的建筑材料,包括钢材、混凝土等材料,较高的材料成本成为 FRP 工程应用最大的困难。目前,市场上所有的 FRP 产品,包括 FRP 布、FRP 筋、FRP 型材等材料,其价格是同类传统建筑材料的数倍,生产工艺越复杂,材料成本越高。FRP 筋是 FRP 材料中工程应用较多的产品,价格相对较低,而 FRP 型材由于工艺限制,生产成本较高。

生产成本高,一方面是原材料的价格成本,FRP 材料生产所需要的原材料,包括树脂基体与纤维,均属于技术成本较高的行业,需要经过深加工与处理才能形成 FRP 所需要的原材料,所以成本较高。另一方面与 FRP 材料应用范围有关,FRP 复合材料是一种新型的建筑材料,目前仍然未被建筑领域完全接受。建筑领域是一个保守的领域,与人们的生活息息相关,短时间内很难接受新兴的建筑材料所形成的结构。最终,导致 FRP 相关产品应用领域较为狭窄,未能形成规模化产业链与市场。通过创新的技术迭代,降低 FRP 复合材料的生产成本,使更多的领域接受 FRP 作为新材料,是 FRP 复合材料应用的需要解决的重要问题。

(2)FRP 型材弹性模量较低、延性较差。

FRP 型材与普通 FRP 材料拥有共同的材料缺陷,即弹性模量较低、延性差。弹性模量较低导致 FRP 型材的变形较大,该问题在桥梁工程中应用时最为明显。FRP 型材由于突出的耐腐蚀性,通常被推荐用在水利以及海洋环境中作为桥梁建筑材料。目前纯 FRP 型材作为桥梁,最大跨度只能在 30 m 左右,因为当跨度更大时,桥梁的挠度太大,不能达到设计的变形要求。FRP 型材另一突出的缺点是延性较差,由于纤维材料以及树脂基体均属于线弹性材料,因此 FRP 型材也通常表现为线弹性的材料属性。无论 FRP 型材抗压、抗拉或者抗弯,通常表现为脆性破坏。脆性破坏对于结构抗震设计危害较大,结构破坏时无任何征兆,会发生突然破坏。因此,通过采用新技术或者新工艺实现 FRP 型材自身材料性能的提升,是实现 FRP 型材在土木工程领域中应用最根本的问题。

5.2.2　FRP 型材材料耐久性设计理论

　　FRP 型材以及其他 FRP 材料公认的优点是耐久性好,防腐蚀性突出,但是,目前在耐久性方面缺少足够和系统的理论支撑。关于 FRP 型材的耐久性分析多数为有限数据或者试验的定性分析,而非定量分析。

　　FRP 型材耐高温性能差,通常在 300 ℃左右型材会发生明显的强度损伤与形态变化,同时伴有有毒气体释放,因此 FRP 型材多推荐应用在室外建筑与环境当中。FRP 型材在室外环境中的耐久性研究以海洋环境下 FRP 型材的耐久性研究最为典型。海洋工程开发需要大量耐久性优良的建筑材料,普通钢筋混凝土结构很难达到海洋环境的耐久性要求,因此 FRP 型材以及其他 FRP 复合材料在海洋工程中有巨大的优势。

　　但海洋环境严酷复杂,除高温、潮湿、海水侵蚀等环境作用外,还要承受海浪、大风、洋流以及海冰等一系列疲劳荷载的影响。FRP 型材是一种典型的复合材料,由三个物理相组成,即纤维相、基体相,以及介于它们之间的界面相,三者弹性模量不同,力学性能存在差异,其结构上的各向异性导致复合材料的疲劳机制远较常见的金属材料复杂。已有研究显示,FRP 复合材料在外界疲劳荷载作用下,材料内部会出现一定的累积损伤,有可能导致复合材料发生界面脱胶、分层或者纤维断裂。但目前针对 FRP 型材疲劳性能研究相对较少,大多为经验性叙述,对疲劳损伤机制以及疲劳相关耐久性设计缺少系统深入的理论支撑,阻碍了 FRP 型材在海洋工程中的结构设计和应用。

　　同时,FRP 型材在海洋环境中受到的疲劳荷载并不是单独作用,而是海洋腐蚀环境与疲劳荷载的共同作用。海洋腐蚀环境以海水侵蚀为主,尽管 FRP 复合材料比钢材的耐腐蚀性要高很多,但研究表明,海水侵蚀会影响到 FRP 复合材料中树脂的稳定性,导致树脂基体溶胀形成材料微损伤(如微裂缝、空洞、缝隙)。这些微损伤不会严重影响 FRP 型材在静载作用下的力学性能,但其会成为 FRP 型材疲劳损伤的诱因或者是薄弱环节,加快 FRP 型材在海浪、海风等疲劳荷载作用下的疲劳损伤;而 FRP 型材的疲劳损伤又将会进一步加速材料内部的损伤,导致 FRP 型材内部组织疏松以及脱黏,增大材料的吸水率,加速海水对材料的侵蚀作用。目前,针对 FRP 型材腐蚀与疲劳耦合作用下的系统试验研究与理论分析尚且不足,缺少海洋环境下 FRP 型材疲劳性能相关理论与计算模型,影响了 FRP 型材在海洋工程中的耐久性设计。因此,系统开展 FRP 型材在海洋等腐蚀环境下的耐久性研究具有重要的研究意义。

5.2.3　FRP 型材增材制造技术

　　增材制造技术(Additive Manufacturing, AM)俗称 3D 打印,该技术结合了计算机辅助设计、材料加工与成型技术,以数字模型文件为基础,通过软件与数控系统将专用的金属材料、非金属材料以及医用生物材料,按照挤压、烧结、熔融、光固化、喷射等方式逐层堆积,制造出实体物品的制造技术。相比于传统的,对原材料去除、切削、组装的加工模式不同,是一种"自下而上"通过材料累加的制造方法,从无到有。这使得过去受到传统制造方式的约束,而无法实现的复杂结构件制造变为可能。

　　增材制造技术中涉及的光固化技术是指光聚合成型技术增材制造。其基本原理是使用特定波长与强度的激光(如紫外线)聚焦到光固化资料(如光敏树脂)外表,使之发生聚合反馈而凝固,而树脂是 FRP 复合材料的基本组成材料,因此实现 FRP 复合材料增材制造具有理论的可行性。FRP 复合材料增材制造对于 FRP 复合材料的生产技术影响较大,可以解决目前存在的很多技术瓶颈。比如,FRP 型材的生产多以拉挤工艺为主,不同形状的型材需要特定形状的模具完成型材的生产,不同模具的生产极大增加了 FRP 型材的生产成本。此外,对于某些异型构件或者非标试件,很难制造对应的模具,而增材制造技术可以从根本上摆脱拉挤工艺对模具的限制,大幅度降低 FRP 复合材料的生产成本。目前 FRP 复合材料的增材制造技术还在不断的进步中,实现结构使用的 3D 打印 FRP 复合材料,无论在打印材料方面还是打印技术方面,都有很多问题需要解决。

5.2.4　FRP 型材材料回收利用技术

　　FRP 复合材料行业的不断发展为土木工程领域以及其他领域提供了高性能的材料,为新型结构或者新型建筑提供了新的思路与设计。然而,在 FRP 复合材料行业蓬勃发展的同时,也带来了废弃物回收利用的难题。FRP 废弃物的主要来源有两类:①已经使用的 FRP 产品,包括达到设计使用寿命的冷却塔、栅格、人行桥等,FRP 产品正常使用寿命通常设计为 15 年,之后报废且无法再次使用;②FRP 生产过程中产生的边角料,FRP 产品由于工艺要求,多数为定制产品,切割形成的边角料占到 5%~10%。有关数据显示,自 1978~2013 年以来,我国 FRP 产量从 0.6 万 t 增加到了 410 万 t。同时,保守估计,目前的废弃 FRP 产品达到百万吨,并且随产量的增加逐年增加。

传统的废旧 FRP 处理主要以填埋为主,但是随着废弃物数量增加,填埋处理需要占据越来越多的工业用地,对环境危害较大。对此,国内外学者近年来做了大量的理论与试验研究,提出了处理 FRP 产品回收利用的新方法与举措。目前主要存在的方法有燃烧法能量回收、化学回收、物理回收、综合回收和微生物法等。

5.2.4.1 燃烧法能量回收

燃烧法的基本理论是通过燃烧,将有机物内能转化为热能,进而再通过技术转化为其他形式的能量,实现能量的回收与利用。FRP 复合材料中的有机组分基体树脂,含量高且具有一定的热值,可以作为燃烧原料。通过焚烧处理,FRP 中其他主要组分,如 GFRP 纤维或者无机填料、添加剂等不能燃烧,只能作为能量回收后的灰分存在,FRP 回收的能量多少取决于其中所含有机组分比例。有机组分含量较大的 FRP 复合材料适合采用燃烧法能量回收的方法。总体上,该能量回收法的优点是操纵简单,能实现能量的有效利用;缺点是焚烧时需要用到高性能的焚烧炉,以避免燃烧过程中释放出有毒气体及浓烟而污染环境,但焚烧炉成本较高。此外,玻璃纤维不能焚烧,需要再次填满,会形成对环境的二次污染。

5.2.4.2 化学回收

化学回收的具体方法包括热裂解和化学水解法等,基本原理是利用有机或无机溶剂,经过处理,FRP 中的网状交联高分子热固性树脂基体被分解或者水解成低分子量的线性有机化合物以及化工原料,再次使用。我国北京化工大学团队通过醇解法,以乙二醇为溶剂,使用合适的催化剂,回收 FRP 中的环氧树脂,以 NaOH 为催化剂,树脂的回收率可达 90% 以上;用 Na_2CO_3 作为催化剂时,虽然回收率仅有 55.5%,但在反应过程中,催化剂损失较少,这两种方法都具有一定的应用意义。日立化成工业株式会社开发出了一种回收 GFRP 中玻璃纤维和填料的技术。该技术首先切断聚酯树脂的结合,然后通过离子化的触媒和溶媒的碱性水酸基与树脂的切断处产生作用,发生脂交换反应。该技术的最大特点是化学反应可在常压下进行,从而将 FRP 中的不饱和聚脂分解和溶解。化学水解 FRP 复合材料时,选择与树脂相容的有机溶剂是关键,有学者认为以苯乙烯为固化剂的不饱和聚酯树脂在二元醇、酸或酚等介质中难以分解,而在醇胺或多元胺中,分解率则大大提升。总体上,化学回收法可得到附加值相对高的产品,实现了废弃物再利用。但化学回收法运行成本太高,所使用的催化剂较为昂贵,容易造成二次污染严重且过程复杂,因此实现大规模的 FRP 复合材料的化学回收利用,还需要开展深入的研究。

5.2.4.3 物理回收

物理回收是日常使用最多的方法,包含掩埋法、重复使用和粉碎法等 3 种。通常操作时将 FRP 机械破碎成尺寸大小合适的新材料,作为不同用途的填料使用,此过程只需要通过机械作用,回收方法简单易行。因此,在 FRP 回收应用初期,大多数企业和学者都采用破碎、粉磨、混合、成型等工艺方法实现回收再利用。至今为止,国内外众多学者仍致力于研究 FRP 在物理方面的应用,尤其是将粉末作为填料添加到不同的基体中制备复合材料的研究。此外,FRP 再利用产品在物理填充方面还有很多应用,比如,学者们用 FRP 粉末增强混凝土的机械性能,代替沙子用到水泥浆中能减小黏性和屈服应力。总体上物理回收方法简单易行,但是掩埋时会造成环境污染,占用耕地;而重复利用和粉碎法尽管方法可行,但是破碎后的利用是关键,而目前,难以在固定行业或者产品中形成 FRP 的大规模再利用。

5.2.4.4 综合回收

德国与日本等国家的解技术方案更倾向于直接应用于工业化。该方案在能实现回收利用的基础上,充分利用 FRP 废弃物,综合考虑回收成本和回收方式,保证在最大程度上实现 FRP 废弃物的资源化再利用。目前,主要实现工业化利用的途径有以下两种:第一种是作为水泥原料使用,第二种是作为还原剂用于高炉炼铁。在使用过程中,首先把 FRP 材料,例如型材,粉碎为粒径 $1 \sim 10$ mm 大小的颗粒状原材料,吹散到炉内,并在水泥窑炉内燃烧,树脂可以燃烧,不可燃烧的填料作为水泥原料,此方案实现了能量与物质同时回收利用。同时,在还原炉中,废弃物的碳与氧在高温条件下,可反应生成一氧化碳,作为还原剂可将氧化铁还原为单质铁。综合回收利用的方法可以使 FRP 型材回收利用率达到 100%,而且整个过程在高温炉内进行,对外部环境影响较小。

5.2.4.5 微生物法

从机制上分析,环境中的微生物可以缓慢降解 FRP 复合材料中的基体树脂。学者们很早就开始了在生物降解领域的研究,早在 1997 年,研究已经发现,彩色 Viscosum 细菌脂肪酶对不饱和聚酯的分解具有强烈的催化作用。在试验环境 pH 为 7.8,温度为 40 ℃ 的条件下,反应 2 d,聚酯类可以被完全分解。但该方案也存在缺点,聚酯自由基会重新形成交联网络结构,大大降低了酶催化的水解能力,因此生物酶并不是最适合的选择。随着技术的发展,新的生物降解技术已经出现,目前这项技术已经逐渐应用到含有热固性树脂的FRP 复合材料中,理论上具备可行性。总体上,虽然生物法降解玻璃钢是一种环保性很好的方法,但是却由于各种原因,实现工业化还有很多工作要做,需要学者们和工程师开展进一步的研究。

5.3　结　语

(1)利好政策引导复合材料行业健康有序发展。

2017 年 1 月,工业和信息化部联合发改委、科技部、财政部编制了《新材料产业发展指南》(简称《指南》),该《指南》从突破重点应用领域急需的新材料、布局一批前沿新材料、强化新材料产业协同创新体系建设、加快重点新材料初期市场培育、突破关键工艺与专用装备制约、完善新材料产业标准体系、实施"互联网+"新材料行动、培育优势企业与人才团队、促进新材料产业特色集聚发展等九个方面提出了"十三五"重点任务。作为"十三五"时期指导新材料产业发展的专项指导政策,《指南》为复合材料的发展创造了更好的环境,将引导复合材料行业健康有序发展。

之后,在 2017 年 4 月 28 日,国家科技部正式印发《"十三五"材料领域科技创新专项规划》(简称《规划》)。明确了"十三五"时期材料领域科技创新的思路目标、任务布局和重点方向:材料领域将围绕创新发展的指导思想和总体目标,紧密结合经济社会发展和国防建设的重大需求,重点发展基础材料技术提升与产业升级、战略性先进电子材料、材料基因工程关键技术与支撑平台、先进结构与复合材料等。

按照《规划》要求,以高性能纤维及复合材料、高温合金为核心,以轻质高强材料、金属基和陶瓷基复合材料、材料表面工程、3D 打印材料为重点,解决材料设计与结构调控的重大科学问题,突破结构与复合材料制备及应用的关键共性技术,提升先进结构材料的保障能力和国际竞争力。该规划将积极推动我国复合材料领域科技创新和产业化发展,有效发挥其规范和指导国家材料科技发展的重要作用。

(2)FRP 复合材料应用领域广泛、应用前景广阔。

复合材料具有公认的比强度高、比模量高、抗疲劳性好、减震性能强、耐热性高、断裂安全性高等优点,还具有特殊的振动阻尼特性,优异的力学性能和不吸收 X 射线的特性,可获得高精度的复杂形状,且耐腐蚀能力极强,广泛应用于医疗器械、航空航天、化工纺织、汽车工业以及体育运动器材和建筑材料等众多领域,复合材料对现代科学技术的发展有着十分重要的作用。随着汽车行业的技术变革,尤其是在汽车轻量化领域,行业迫切需要轻量化的解决方案来对抗燃油费上涨的成本压力以及汽车高性能、长续航的要求。目前汽车轻量化主要有两类技术方案,一是汽车内部结构和材料的优化设计,二是满足要求的更轻质的高性能替代材料。其中,轻量化的替代性材料是业内普遍认同且前景最为可观的轻量化技术。例如,近些年,碳纤维复合材料已经成为汽车轻量化设计最为认可的材料。复合材料作为轻质高强材料,在汽车行业发展潜力巨大。

(3)机械自动化助推复合材料产业发展。

近些年来,为解决用工成本增加、满足环保要求及企业转型发展等问题,众多企业逐步增加生产装备和辅助生产装备,提升生产线机械化、自动化生产水平。展望未来,生产机械化、自动化水平的不断提升,不仅为企业从根本上解决了用工成本增加、生产现场规范管理等问题,更为行业带来了新的生机。随着机械化自动化生产水平的提升,企业生产效率将大幅提升,产品的质量稳定性、标准化程度也更有保证。因而,有助于 FRP 复合材料制品企业积极拓展汽车及轨道交通、建筑与土木行业、能源环保等较大规模的中高端应用市场。机械化与自动化的发展应用将为 FRP 复合材料制品行业发展带来新的生机。

参 考 文 献

[1] 高可为, 陈小兵, 丁一, 等. 纤维增强复合材料在新建结构中的发展及应用[J]. 工业建筑, 2016, 46(4): 98-103, 113.

[2] 葛亮, 陈勃. FRP 在海洋桥梁中的应用前景[J]. 中国水运(下半月), 2017, 17(2): 199-201.

[3] 王庆利, 顾威, 赵颖华. CFRP-钢复合圆管内填混凝土轴压短柱试验研究[J]. 土木工程学报, 2005, 38(10): 44-48.

[4] Wu G, Lü Z T, Wu Z S. Strength and ductility of concrete cylinders confined with FRP composites[J]. Construction and Building Materials, 2006, 20(3): 134-148.

[5] Cui C, Sheikh S A. Experimental Study of Normal-and High-Strength Concrete Confined with Fiber-Reinforced Polymers[J]. Journal of Composites for Construction, 2010, 14(5): 553-561.

[6] Wang Y, Cai G, Li Y, et al. Behavior of Circular Fiber-Reinforced Polyme Steel-Confined Concrete Columns Subjected to Reversed Cyclic Loads: Experimental Studies and Finite-Element Analysis[J]. Journal of Structural Engineering, 2019, 145(9): 04019085.

[7] Kim Y J. State of the practice of FRP composites in highway bridges[J]. Engineering Structures, 2019, 179: 1-8.

[8] Feroldi F, Russo S. Structural Behavior of All-FRP Beam-Column Plate-Bolted Joints[J]. Journal of Composites for Construction, 2016, 20(4): 04016004.

[9] Al-saadi A U, Aravinthan T, Lokuge W. Structural applications of fibre reinforced polymer (FRP) composite tubes: A review of columns members[J]. Composite Structures, 2018, 204: 513-524.

[10] Turvey GJ, Sana A. Pultruded GFRP double-lap single-bolt tension joints-Temperature effects on mean and characteristic failure stresses and knock-down factors[J]. Composite Structures, 2016, 153: 624-631.

[11] Lin J P. Cohesive zone model based numerical analysis of steel-concrete composite structure push-out tests[J]. Mathematical problems in engineering, 2014, 2014: 1-12.

[12] Lin X, Zhang Y X. Bond-slip behaviour of FRP-reinforced concrete beams[J]. Construction and Building Materials, 2013, 44: 110-117.

[13] 张彧, 宋岩升, 张雯. FRP 型材在工程结构中的应用分析与构想[C]//第十二届沈阳科学学术年会论文集(理工农医), 2015: 388-391.

[14] 李嵩林, 王景全. FRP 型材-混凝土组合梁抗弯刚度计算方法[J]. 武汉理工大学学报(交通科学与工程版), 2016, 40(6): 1094-1100.

[15] 冯鹏, 叶列平. 纤维增强复合材料桥面板的应用与研究[C]//第三届全国 FRP 学术

交流会议论文集,2004:346-357.

[16] D'Ambrisi A, Feo L, Focacci F. Bond-slip relations for PBO-FRCM materials externally bonded to concrete[J]. Composites Part B: Engineering,2012,43(8):2938-2949.

[17] D'Antino T, Pellegrino C. Bond between FRP composites and concrete: Assessment of design procedures and analytical models[J]. Composites Part B: Engineering, 2014, 60: 440-456.

[18] Diab A M, Elyamany H E, Hussein M A, et al. Bond behavior and assessment of design ultimate bond stress of normal and high strength concrete[J]. Alexandria Engineering Journal,2014,53(2):355-371.

[19] Goyal R, Mukherjee A, Goyal S. An investigation on bond between FRP stay-in-place formwork and concrete[J]. Construction and Building Materials,2016,113:741-751.

[20] Harajli M, Hamad B, Karam K. Bond-slip response of reinforcing bars embedded in plain and fiber concrete[J]. Journal of Materials in Civil Engineering,2002,14(6):503-511.

[21] Rabbat B G, Russell H G. Friction Coefficient of Steel on Concrete or Grout[J]. J Struct Eng-Asce,1985,111(3):505-515.

[22] 姜鹄. 拉挤 FRP 型材设备与工艺[J]. 玻璃钢,1996(01):38-40.

[23] 李梦倩, 王成成, 包玉衡, 等. 3D 打印复合材料的研究进展[J]. 高分子通报,2016(10):41-46.

[24] 李振, 张云波, 张鑫鑫, 等. 光敏树酯和光固化 3D 打印技术的发展及应用[J]. 理化检验(物理分册),2016,52(10):686-689,712.

[25] Sousa J M, Correia J R, Firmo J P,et al. Effects of thermal cycles on adhesively bonded joints between pultruded GFRP adherends[J]. Composite Structures,2018,202:518-529.

[26] Liang H, Chen L, Yan L, et al. Behavior of polyester FRP tube encased recycled aggregate concrete with recycled clay brick aggregate: Size and slenderness ratio effects [J]. Construction & Building Materials,2017,154:123-136.

[27] D3039—2017. Standard Test Method for Tensile Properties of Polymer Matrix Composite Materials. ASTM international; 2017.

[28] ISO527—1997. Determination of tensile properties of plastics. International Organization for Standardization. 1997.

[29] D695—2015. Standard test method for compressive properties of rigid plastics. ASTM international. 2015.

[30] Guades E, Aravinthan T, Islam M M. Characterisation of the mechanical properties of pultruded fibre-reinforced polymer tube[J]. Materials and Design,2014,63:305-315.

[31] Aydin F. Effects of various temperatures on the mechanical strength of GFRP box profiles [J]. Construction and Building Materials,2016,127:843-849.

[32] Correia J R, Bai Y, Keller T. A review of the fire behaviour of pultruded GFRP structural

profiles for civil engineering applications[J]. Composite Structures,2015,127:267-287.

[33] Grace N, Bebawy M. Fire protection for beams with fiber-reinforced polymer flexural strengthening systems[J]. ACI Structural Journal,2014,111(3):537-547.

[34] Hajiloo H, Green M F, Noël M, et al. Fire tests on full-scale FRP reinforced concrete slabs[J]. Composite Structures,2017,179:705-719.

[35] Bazli M, Ashrafi H, Oskouei A V. Effect of harsh environments on mechanical properties of GFRP pultruded profiles[J]. Composites Part B: Engineering,2016,99:203-215.

[36] 蔡顺枝. 盐雾环境下 CFRP 加固 RC 梁疲劳性能初探[D]. 广州: 华南理工大学, 2016.

[37] 郭永基, 颜寒, 肖飞. 环氧树酯热氧老化实验研究[J]. 清华大学学报(自然科学版),2000,40(7):1-3.

[38] 李春平, 王海鹏. 紫外线和盐雾腐蚀对拉挤成型复合材料(FRP)性能的影响研究[J]. 纤维复合材料,2010,27(3):6-9.

[39] Ding L, Liu X, Wang X, et al. Mechanical properties of pultruded basalt fiber-reinforced polymer tube under axial tension and compression[J]. Construction and Building Materials,2018,176:629-637.

[40] Estep D D, GangaRao H V S, Dittenber D B, et al. Response of pultruded glass composite box beams under bending and shear[J]. Composites Part B: Engineering,2016,88:150-161.

[41] Hollaway L C. A review of the present and future utilisation of FRP composites in the civil infrastructure with reference to their important in-service properties[J]. Construction and Building Materials,2010,24(12):2419-2445.

[42] Russo S. On failure modes and design of multi-bolted FRP plate in structural joints[J]. Composite Structures,2019,218:27-38.

[43] Robert M, Benmokrane B. Combined effects of saline solution and moist concrete on long-term durability of GFRP reinforcing bars[J]. Construction and Building Materials,2013,38:274-284.

[44] Sá M F, Gomes A M, Correia J R, et al. Creep behavior of pultruded GFRP elements-Part 1: Literature review and experimental study[J]. Composite Structures, 2011;93(10):2450-2459.

[45] 高宏, 张继文. 土木工程用 FRP 材料的疲劳性能研究[J]. 江苏建筑,2006(1):39-42.

[46] Turvey G J, Cooper C. Review of tests on bolted joints between pultruded GRP profiles[J]. Proceedings of the Institution of Civil Engineers-Structures and Buildings,2004,157(3):211-233.

[47] Zou X, Feng P, Wang J. Bolted Shear Connection of FRP-Concrete Hybrid Beams[J]. Journal of Composites for Construction,2018,22(3):04018012.

[48] Hadi M N S, Wang W, Sheikh M N. Axial compressive behaviour of GFRP tube rein-forced concrete columns[J]. Construction and Building Materials,2015,81:198-207.

[49] Hadi M N S, Youssef J. Experimental Investigation of GFRP-Reinforced and GFRP-En-cased Square Concrete Specimens under Axial and Eccentric Load, and Four-Point Ben-ding Test[J]. Journal of Composites for Construction,2016,20(5):04016020.

[50] El-Hacha R, Chen D. Behaviour of hybrid FRP-UHPC beams subjected to static flexural loading[J]. Composites Part B,2012,43(2):582-593.

[51] Chen D, El-Hacha R. Behaviour of hybrid FRP-UHPC beams in flexure under fatigue loading[J]. Composite Structures,2011,94(1):253-266.

[52] Cardoso D C T, Vieira J D. Comprehensive local buckling equations for FRP I-sections in pure bending or compression[J]. Composite Structures,2017,182:301-310.

[53] Belzer B, Robinson M, Fick D. Composite action of concrete-filled rectangular GFRP tubes[J]. Journal of Composites for Construction,2013,17(5):722-731.

[54] Kwan A K H, Dong C X, Ho J C M. Axial and lateral stress-strain model for FRP con-fined concrete[J]. Engineering Structures,2015,99:285-295.

[55] Hosseini A, Mostofinejad D. Experimental investigation into bond behavior of CFRP sheets attached to concrete using EBR and EBROG techniques[J]. Composites Part B: Engi-neering,2013,51:130-139.

[56] Lau D, Qiu Q, Zhou A, et al. Long term performance and fire safety aspect of FRP com-posites used in building structures[J]. Construction and Building Materials,2016,126:573-585.

[57] Li X, Lü H, Zhou S. Flexural behavior of GFRP-reinforced concrete encased steel com-posite beams[J]. Construction and Building Materials,2012,28(1):255-262.

[58] Yu T, Teng J. Behavior of hybrid FRP-concrete-steel double-skin tubular columns with a square outer tube and a circular inner tube subjected to axial compression[J]. Journal of Composites for Construction,2012,17(2):271-279.

[59] Chen D, El-Hacha R. Behaviour of hybrid FRP-UHPC beams in flexure under fatigue loading[J]. Compos Struct,2011,94(1):253-266.

[60] Guades E, Aravinthan T, Islam M,et al. A review on the driving performance of FRP composite piles[J]. Composite Structures,2012,94(6):1932-1942.

[61] Kwan W H, Ramli M. Indicative performance of fiber reinforced polymer (FRP) encased beam in flexure[J]. Construction and Building Materials,2013,48:780-788.

[62] Gonilha J A, Correia J R, Branco F A. Structural behaviour of a GFRP-concrete hybrid footbridge prototype: Experimental tests and numerical and analytical simulations[J]. En-gineering Structures,2014,60:11-22.

[63] Cosenza E, Manfredi G, Realfonzo R. Behavior and modeling of bond of FRP rebars to

concrete[J]. J Compos Constr,1997,1(2):40-51.

[64] Achillides Z, Pilakoutas K. Bond behavior of fiber reinforced polymer bars under direct pullout conditions[J]. Journal of Composites for Construction,2004,8(2):173-181.

[65] Xu C, Chengkui H, Decheng J, et al. Push-out test of pre-stressing concrete filled circular steel tube columns by means of expansive cement[J]. Construction and Building Materials,2009,23(1):491-47.

[66] Berthet J F, Yurtdas I, Delmas Y, et al. Evaluation of the adhesion resistance between steel and concrete by push out test[J]. International Journal of Adhesion and Adhesives, 2011,31(2):75-83.

[67] Harajli M, Hamad B, Karam K. Bond-slip response of reinforcing bars embedded in plain and fiber concrete[J]. Journal of Materials in Civil Engineering,2002,14(6):503-511.

[68] Tighiouart B, Benmokrane B, Gao D. Investigation of bond in concrete member with fibre reinforced polymer (FRP) bars[J]. Construction and Building Materials,1998,12(8): 453-462.

[69] ABAQUS6. 12 analysis user's manual. 2012.

[70] Rabbat B G, Russell H G. Friction Coefficient of Steel on Concrete or Grout[J]. J Struct Eng-Asce,1985,111(3):505-515.

[71] Correia J R, Branco F A, Ferreira J G. Flexural behaviour of GFRP-concrete hybrid beams with interconnection slip[J]. Composite Structures, 2007,77(1):66-78.

[72] Hadi M N S, Wang W, Sheikh M N. Axial compressive behaviour of GFRP tube reinforced concrete columns[J]. Construction and Building Materials,2015,81:198-207.

[73] Belzer B, Robinson M, Fick D. Composite action of concrete-filled rectangular GFRP tubes[J]. Journal of Composites for Construction,2013,17(5):722-31.

[74] Jiang T, Teng J G. Analysis-oriented stress-strain models for FRP-confined concrete[J]. Engineering Structures,2007,29(11):2968-86.

[75] Kwan A K H, Dong C X, Ho J C M. Axial and lateral stress-strain model for FRP confined concrete[J]. Engineering Structures,2015,99:285-295.

[76] Lam L, Teng J G. Strength models for fiber-reinforced plastic-confined concrete[J]. Journal of Structural Engineering,2002,128(5):612-623.

[77] Ozbakkaloglu T, Lim J C. Axial compressive behavior of FRP-confined concrete: Experimental test database and a new design-oriented model[J]. Composites Part B: Engineering,2013,55:607-634.

[78] Bakhshi M, Abdollahi B, Motavalli M, et al. The experimental modeling of gfrp confined concrete cylinders subjected to axial loads[C]. Proleedings of the 8th international,ymposium on fiber reinforced polyrer reinforcenent for concrete structures,Patras,Greele,2007.

[79] Almusallam T H. Behavior of normal and high-strength concrete cylinders confined with

E-glass/epoxy composite laminates[J]. Composites Part B: Engineering,2007,38(5-6): 629-639.

[80] Au C, Buyukozturk O. Effect of fiber orientation and ply mix on fiber reinforced polymer-confined concrete[J]. J Compos Constr,2005,9(5):397-407.

[81] Harries K A, Carey S A. Shape and "gap" effects on the behavior of variably confined concrete[J]. Cement and Concrete Research,2003,33(6):881-890.

[82] Harries K A, Kharel G. Behavior and modeling of concrete subject to variable confining pressure[J]. ACI Materials Journal,2002,99(2):180-189.

[83] Lam L, Teng J G. Ultimate condition of fiber reinforced polymer-confined concrete[J]. Journal of Composites for Construction,2004,8(6):539-548.

[84] Li G, Maricherla D, Singh K, et al. Effect of fiber orientation on the structural behavior of FRP wrapped concrete cylinders[J]. Compos Struct,2006,74(4):475-483.

[85] Lin H J, Chen C T. Strength of Concrete Cylinder Confined by Composite Materials[J]. Journal of Reinforced Plastics and Composites,2001,20(18):1577-1600.

[86] Mandal S, Hoskin A, Fam A. Influence of concrete strength on confinement effectiveness of fiber-reinforced polymer circular jackets[J]. ACI Struct J,2005,102(3):383-392.

[87] Nanni A, Bradford N M. FRP jacketed concrete under uniaxial compression[J]. Construction and Building Materials,1995,9(2):115-124.

[88] Teng J G, Hu Y M. Behaviour of FRP-jacketed circular steel tubes and cylindrical shells under axial compression[J]. Construction and Building Materials,2007,21(4):827-838.

[89] Wu G, Lü Z T, Wu Z S. Strength and ductility of concrete cylinders confined with FRP composites[J]. Construction and Building Materials,2006,20(3):134-148.

[90] Youssef M N, Feng M Q, Mosallam A S. Stress-strain model for concrete confined by FRP composites[J]. Composites Part B: Engineering,2007,38(5-6):614-628.

[91] Yao B, Li F, Wang X, et al. Evaluation of the shear characteristics of steel-aspHalt interface by a direct shear test method[J]. International Journal of Adhesion and Adhesives, 2016,68:70-79.

[92] Kishida H, Uesugi M. Tests of the interface between sand and steel in the simple shear apparatus[J]. Géotechnique,1987,37(1):45-52.

[93] Nunes F, Correia J R,Silvestre N. Structural behavior of hybrid FRP pultruded beams: Experimental,numerical and analytical studies [J]. Thin-Walled Structures, 2016, 106: 201-217.

[94] Hollaway L C. review A of the present and future utilisation of FRP composites in the civil infrastructure with reference to their important in-service properties[J]. Construction and Building Materials,2010,24(12):2419-2445.

[95] Teng J G, Yu T, Wong Y L,et al, Hybrid FRP-concrete-steel tubular columns: Concept

and behavior[J]. Construction and Building Materials,2006,21(4):846-854.

[96] Correia J R,Branco F A, Ferreira J G. Flexural behaviour of GFRP-concrete hybrid beams with interconnection slip, Compos. Struct,2007,77(1):66-78.

[97] Nguyen H, Mutsuyoshi H, Zatar W. Hybrid FRP-UHPFRC composite girders: Part 1-Experimental and numerical approach, Compos. Struct,2015,125:631-652.

[98] Neagoe C A, Gil L, Pérez M A. Experimental study of GFRP-concrete hybrid beams with low degree of shear connection[J]. Construction and Building Materials,2015,101:141-151.

[99] El-Hacha R, Chen D. Behaviour of hybrid FRP-UHPC beams subjected to static flexural loading[J]. Composites Part B: Engineering,2012,43(2):582-593.

[100] Hadi M,Youssef J. Experimental Investigation of GFRP-Reinforced and GFRP-Encased Square Concrete Specimens under Axial and Eccentric Load, and Four-Point Bending Test[J]. Journal of Composites for Construction,2016,04016020.

[101] Abouzied A, Masmoudi R. Structural performance of new fully and partially concrete-filled rectangular FRP-tube beams[J]. Construction and Building Materials 101,Part 1, 2015,652-660.

[102] Cosenza E, Manfredi G, Realfonzo R. Behavior and modeling of bond of FRP rebars to concrete[J]. Journal of Composites for Construction,1997,1(2):40-51.

[103] Nordin H, Taljsten B. Testing of hybrid FRP composite beams in bending[J]. Composites Part B: Engineering,2004,35(1):27-33.

[104] Keller T, Gürtler H. Composite action and adhesive bond between fiber-reinforced polymer bridge decks and main girders[J]. Journal of Composites for Construction,2005,9(4):360-368.

[105] Mohamed H M, Masmoudi R. Flexural strength and behavior of steel and FRP-reinforced concrete-filled FRP tube beams[J] Engineering Structures,2010,32(11):3789-3800.

[106] Kwan W H, Ramli M. Indicative performance of fiber reinforced polymer (FRP) encased beam in flexure[J]. Construction and Building Materials, 2013,48:780-788.

[107] Smith S T, Teng J G. FRP-strengthened RC beams. I: Review of debonding strength models[J]. Engineering Structures,2002,24(4):385-395.

[108] Lu X Z, Teng J G, Ye L P, et al. Jiang, Bond-slip models for FRP sheets/plates bonded to concrete[J]. Engineering Structures,2005,27(6):920-937.

[109] Chen J F, Teng J G. Anchorage strength models for FRP and steel plates bonded to concrete[J]. Journal of Structural Engineering,2001,127(7):784-791.

[110] Lu X Z, Ye L P, Teng J G,et al. Meso-scale finite element model for FRP sheets/plates bonded to concrete[J]. Engineering Structures,2005,27(4):564-575.

[111] Tighiouart B, Benmokrane B, Gao D. Investigation of bond in concrete member with fibre

reinforced polymer (FRP) bars[J]. Construction and Building Materials,1998,12(8):453-462.

[112] Achillides Z, Pilakoutas K. Bond behavior of fiber reinforced polymer bars under direct pullout conditions[J]. Journal of Composites for Construction,2004,8(2):173-181.

[113] Vilanova I, Baena M, Torres L, et al. Experimental study of bond-slip of GFRP bars in concrete under sustained loads, Composites Part B: Engineering,2015,74:42-52.

[114] Baena M, Torres L, Turon A, er al. Experimental study of bond behaviour between concrete and FRP bars using a pull-out test[J]. Composites Part B: Engineering,2009,40(8):784-797.

[115] Xu C, Chengkui H, Decheng J,et al. Push-out test of pre-stressing concrete filled circular steel tube columns by means of expansive cement[J]. Construction and Building Materials,2009,23(1):491-497.

[116] Bouchair A, Bujnak J, Duratna P,et al, Modeling of the Steel-Concrete Push-Out Test [J]. Procedia Engineering,2012,40:102-107.

[117] Malvar L J. Bond stress-slip characteristics of FRP rebars[J]. California: Naval Facilities Engineering Service Center,1994.

[118] Eligehausen R, Popov E P, Bertero V V. Local bond stress-slip relationships of deformed bars under generalized excitations, Earthquake Engineering Research Center[J]. University of California,1982.

[119] Zhang B,Benmokrane B. Pullout bond properties of fiber-reinforced polymer tendons to grout[J]. Journal of Materials in Civil Engineering,2002,14(5):399-408.

[120] Cosenza E, Manfredi G, Realfonzo R. Analytical modelling of bond between FRP reinforcing bars and concrete [C]. "Non-metalic (CFRP) Reinforcement for concrete Strucures"——Proceedings of the Second International RILEM Symposium (FRPRCS-2) 1995:164-171.

[121] Smith S T, Teng J G. FRP-strengthened RC beams. II: assessment of debonding strength models[J]. Engineering Structures,2002,24(4):397-417.

[122] Chen J F, Teng J G. Shear capacity of FRP-strengthened RC beams: FRP debonding [J]. Construction and Building Materials,2003, 17(1):27-41.

[123] Teng J G, Hu Y M. Behaviour of FRP-jacketed circular steel tubes and cylindrical shells under axial compression[J]. Construction and Building Materials, 2007, 21(4):827-838.

[124] Walker R A, Karbhari V M. Durability based design of FRP jackets for seismic retrofit [J]. Composite Structures,2007,80(4):553-568.

[125] Hadi M N S, Wang W, Sheikh M N. Axial compressive behaviour of GFRP tube reinforced concrete columns[J]. Construction and Building Materials,2015, 81:198-207.

[126] Wang W, Sheikh M N, Hadi M N S. Behaviour of perforated GFRP tubes under axial compression[J]. Thin-Walled Structures,2015, 95:88-100.

[127] Sharbatdar M K, Saatcioglu M, Benmokrane B. Seismic flexural behavior of concrete connections reinforced with CFRP bars and grids[J]. Composite Structures, 2011, 93 (10):2439-2449.

[128] Miàs C, Torres L, Guadagnini M, et al. Short and long-term cracking behaviour of GFRP reinforced concrete beams[J]. Composites Part B: Engineering, 2015, 77: 223-231.

[129] Keller T. Recent all-composite and hybrid fibre-reinforced polymer bridges and buildings [J]. Progress in Structural Engineering and Materials,2001,3(2):132-140.

[130] Girão Coelho A M, Mottram J T, Harries K A. Bolted connections of pultruded GFRP: Implications of geometric characteristics on net section failure[J]. Composite Structures, 2015,131:878-884.

[131] Nguyen H, Mutsuyoshi H, Zatar W. Hybrid FRP-UHPFRC composite girders: Part 1-Experimental and numerical approach[J]. Composite Structures,2015, 125:631-652.

[132] Nordin H, Taljsten B. Testing of hybrid FRP composite beams in bending[J]. Composites Part B: Engineering,2004,35(1):27-33.

[133] Kwan W H, Ramli M. Indicative performance of fiber reinforced polymer (FRP) encased beam in flexure[J]. Construction and Building Materials,2013, 48:780-788.

[134] Maria Antonietta Aiello LO. Structural Performances of Concrete Beams with Hybrid (Fiber-Reinforced Polymer-Steel) Reinforcements[J]. Journal of Composites for Construction,2002,6(2):133-140.

[135] Lau D, Pam H J. Experimental study of hybrid FRP reinforced concrete beams[J]. Engineering Structures,2010,32(12):3857-3865.

[136] Li X, Lü H, Zhou S. Flexural behavior of GFRP-reinforced concrete encased steel composite beams[J]. Construction and Building Materials,2012,28(1):255-262.

[137] Idris Y, Ozbakkaloglu T. Flexural behavior of FRP-HSC-steel composite beams. Thin-Walled Structures,2014, 80:207-216.

[138] El Refai A, Abed F, Al-Rahmani A. Structural performance and serviceability of concrete beams reinforced with hybrid (GFRP and steel) bars[J]. Construction and Building Materials,2015, 96:518-529.

[139] Hawileh R A. Finite element modeling of reinforced concrete beams with a hybrid combination of steel and aramid reinforcement[J]. Materials and Design,2015, 65: 831-839.

[140] Kara I F, Ashour A F, Köroğlu M A[J]. Flexural behavior of hybrid FRP/steel reinforced concrete beams[J]. Composite Structures,2015,129:111-121.

[141] Fam A Z. Flexural Behavior of Concrete-Filled Fiber-Reinforced Polymer Circular Tubes

[J]. Journal of Composites for Construction,2002, 6(2):123-32.

[142] Yu T, Wong Y L, Teng J G, et al. Flexural behavior of hybrid FRP-concrete-steel double-skin tubular members[J]. Journal of Composites for Construction,2006,10(5):443-452.

[143] A S 1391—2007. Metallic materials-Tensile testing at ambient temperature,Standards Australia Limited, NSW, 2007.

[144] Treadwell: Custom Fibreglass Reinforced Plastic (FRP) & Underfoot Products. 58 Deeds Rd, North Plympton, SA Australia. < http://www. treadwellgroup. com. au/> (accessed on April 2016).

[145] ASTM D7565/D7565M—2010. Standard test method for determining tensile properties of fibre reinforced polymer matrix composites used for strengthening of civil structures. United States: ASTM International,2010.

[146] ASTM D695. Standard test method for compressive properties of rigid plastics. United States: ASTM international,2002.

[147] ISO 527. Plastics: Determination of tensile properties. European Committee for Standardisation, Brussels, Belgium,1996.

[148] Naaman A E, Jeong S M. Structural dutility of concrete beams prestressed with FRP tendons[C]. Proceedings of the second international RILEM symposium (FRPRCS-2): non-metallic (FRP) for concrete structures Ghent, Belgium 1995:379-386.

[149] Alsayed S H, Alhozaimy A M. Ductility of concrete beams reinforced with FRP bars and steel fibers[J]. Journal of composite materials,1999,33(19):1972-1806.

[150] Jo B W, Tae G H, Kwon B Y. Ductility Evaluation of Prestressed Concrete Beams with CFRP Tendons[J]. Reinforced Plastics and Composites,2004,23:843-859.

[151] 张普,李耀宗,管品武,等. FRP 型材-超高性能混凝土组合梁界面性能数值模拟[J]. 混凝土,2020,372(10):29-32.

[152] 张为军, 田野, 覃兆平, 等. 桥梁用大截面 FRP 拉挤型材的结构设计与试验研究[J]. 玻璃钢/复合材料,2013(Z3):55-60.

[153] 张冬冬, 袁嘉欣, 赵启林,等. 新型纤维增强复材-金属组合空间桁架结构及弯曲性能研究[J]. 工业建筑,2019,49(9):102-108,166.

[154] Sá M F, Gomes A M, Correia J R,et al. Creep behavior of pultruded GFRP elements—Part 1: Literature review and experimental study[J]. Composite Structures, 2011, 93 (10):2450-2459.

[155] Kim Y J. State of the practice of FRP composites in highway bridges[J]. Engineering Structures,2019,179:1-8.

[156] Girão Coelho A M, Mottram J T. A review of the behaviour and analysis of bolted connections and joints in pultruded fibre reinforced polymers[J]. Materials & Design,2015,74:

86-107.

[157] Cabral-Fonseca S, Correia J, Rodrigues M, et al. Artificial accelerated ageing of GFRP pultruded profiles made of polyester and vinylester resins: characterisation of physical chemical and mechanical damage[J]. Strain,2012,48(2):162-173.

[158] Raouf B, Mathieu R, Amir F. Durability in a Salt Solution of Pultruded Composite Materials Used in Structural Sections for Bridge Deck Applications[J]. Journal of Bridge Engineering,2016,21(2):04015032.

[159] Abouzied A, Masmoudi R. Structural performance of new fully and partially concrete-filled rectangular FRP-tube beams[J]. Construction and Building Materials,2015,101, Part 1:652-660.

[160] Correia J R, Branco F A, Ferreira J G. Flexural behaviour of multi-span GFRP-concrete hybrid beams[J]. Engineering Structures,2009,31(7):1369-1381.

[161] Nguyen H, Mutsuyoshi H, Zatar W. Hybrid FRP-UHPFRC composite girders: Part 1— Experimental and numerical approach[J]. Composite Structures,2015,125:631-652.

[162] Castellaro S, Russo S. Dynamic characterization of an all-FRP pultruded construction [J]. Composite Structures,2019,218:1-14.

[163] Noh J, Ghadimi B, Russo S,et al. Assessment of FRP pultruded elements under static and dynamic loads[J]. Composite Structures,2018,202:17-28.

[164] Stratford T. The Condition of the Aberfeldy Footbridge after 20 Years in Service[C]. structural Faults & Pepair,2012.

[165] Nguyen P L, Hong Vu X, Ferrier E. Thermo-mechanical performance of Carbon Fiber Reinforced Polymer (CFRP), with and without fire protection material, under combined elevated temperature and mechanical loading conditions[J]. Composites Part B: Engineering,2019,169:164-173.

[166] Morgado T, Correia J R, Moreira A, et al. Experimental study on the fire resistance of GFRP pultruded tubular columns[J]. Composites Part B: Engineering,2015;69(0): 201-211.

[167] Bazli M, Zhao X L, Bai Y,et al. Bond-slip behaviour between FRP tubes and seawater sea sand concrete[J]. Engineering Structures,2019,197:109421.

[168] Zhou A, Qin R, Chow CL, et al. Structural performance of FRP confined seawater concrete columns under chloride environment[J]. Composite Structures,2019,216:12-19.

[169] 董志强, 张光超, 吴刚, 等. 加速老化环境下纤维增强复合材料筋耐腐蚀性能试验研究[J]. 工业建筑,2013,43(6):14-17.

[170] 辛东嵘. 湿热环境中环氧树脂力学性能和界面破坏机制的研究[D].广州:华南理工大学, 2013.

[171] 薛伟辰, 刘亚男, 付凯, 等. 碱和海水环境下 GFRP 筋的抗拉性能加速老化试验研

究[J]. 华北水利水电大学学报(自然科学版),2015,36(1):38-42.

[172] 高可为,陈小兵,丁一,等. 纤维增强复合材料在新建结构中的发展及应用[J]. 工业建筑,2016,46(4):98-103,113.

[173] 王彬,杨勇新,岳清瑞. 碳纤维增强复合材料筋海洋环境耐久性能研究进展[J]. 化工新型材料,2016,44(2):12-14,17.

[174] Ngo T D, Kashani A, Imbalzano G, et al. Additive manufacturing (3D printing): A review of materials, methods, applications and challenges[J]. Composites Part B: Engineering,2018,143:172-196.

[175] Wang X, Jiang M, Zhou Z, et al. 3D printing of polymer matrix composites: A review and prospective[J]. Composites Part B: Engineering,2017,110:442-458.

[176] 方鲲,向正桐,张戬,等. 3D 打印碳纤维增强塑料及复合材料的增材制造与应用[J]. 新材料产业,2017(1):31-37.

[177] 高卓,陈晓婷,衣守志,等. 3D 打印技术及聚合物打印材料的研究进展[J]. 热固性树脂,2017(4):67-70.

[178] 李振,张云波,张鑫鑫,等. 光敏树脂和光固化 3D 打印技术的发展及应用[J]. 理化检验(物理分册),2016,52(10):686-689,712.

[179] 张恒,许磊,胡振华. 光固化 3D 打印用光敏树脂的研究进展[J]. 合成树脂及塑料,2015,32(4):81-84.

[180] 邓京兰,祝颖丹,王继辉,等. 复合材料废弃物回收与利用的回顾与展望[C]//第十四届玻璃钢/复合材料学术年会论文集,2001:342-346.

[181] 杜晓渊,程小全,王志勇,等. 碳纤维复合材料回收与再利用技术进展[J]. 高分子材料科学与工程,2020(8):182-190.

[182] 高红梅,孙永峰,隆翊. 热固性复合材料回收材料的性能评价及用途[C]//第十五届玻璃钢/复合材料学术年会论文集,北京:中国硅酸学会玻璃钢学会,《玻璃钢/复合材料》杂志社,2003:361-367.

[183] 刘建叶,宋金梅,彭玉刚,等. 热固性碳纤维复合材料废弃物回收及再利用现状[J]. 化工新型材料,2014,42(8):216-218.

[184] 任彦. 碳纤维复合材料的回收与利用[J]. 新材料产业. 2014(8):19-22.

[185] 阮芳涛,施建,徐珍珍,等. 碳纤维增强树脂基复合材料的回收及其再利用研究进展[J]. 纺织学报,2019,40(6):153-158.

[186] 尚波. 关于复合材料回收利用的新报告[J]. 玻璃钢,2016(3):37.

[187] 王大伟,王宝铭,段长兵. 碳纤维复合材料回收再利用现状[J]. 合成纤维,2019(3):49-51.

[188] 徐亚娟,付新建. 聚氨酯及其复合材料的回收利用方法[J]. 轻工科技,2011,27(2):31-33.

[189] 朱永全,戴干策. 玻璃纤维毡增强热塑性复合材料废弃制品回收利用技术的研究

[J]. 中国塑料,2000(3):93-96.

[190] 邹镇岳,秦岩,许亚丰,等. 环氧复合材料压力法降解及其纤维的回收利用[J]. 复合材料科学与工程,2015,000(10):78-82.

[191] 曹维宇,杨学萍,张藕生. 我国高性能高分子复合材料发展现状与展望[J]. 中国工程科学,2020,22(5):112-120.

[192] 韩娟,刘伟庆,方海. 纤维增强树脂基复合材料在土木基础设施领域中的应用[J]. 南京工业大学学报(自然科学版),2020,42(5):543-554.

[193] 韩乐. 研究新型建筑材料的应用现状与发展前景[J]. 工程技术与管理:英文,2020,004(2):82-84.

[194] 张娜. 轨道交通用纤维复合材料的发展现状及趋势展望[J]. 纺织导报,2020(7):19.

[195] 籍龙波,朱学武,丁建鹏,等. 乘用车碳纤维复合材料研究及应用进展[J]. 汽车文摘,2020,536(9):17-22.

[196] 杨桂英,赵睿,肖冰,等. 碳纤维复合材料在汽车轻量化中的应用[J]. 当代石油石化,2020,310(10):28-32.

[197] 王占东,张海雁. 浅谈纤维增强复合材料标准化现状[J]. 中国标准化,2020(10):91-96.

[198] 周绿山,魏伟,邓远方,等. 纤维增强复合材料的耐蚀性研究进展[J]. 化学工程与技术. 2020,10(2):90-95.